Gustav Bernhardt

Die Schmetterlinge

Eine Anleitung zur Kenntniß der Schmetterlinge und Raupen welche in Deutschland vorkommen nebst einer Anweisung Schmetterlings- und Raupensammlungen zweckmäßig anzulegen

Elibron Classics
www.elibron.com

Elibron Classics series.

ISBN 0-543-72250-3 (paperback)
ISBN 0-543-72249-X (hardcover)

This Elibron Classics Replica Edition is an unabridged facsimile of the edition published in 1871 by Hendel, Halle.

Taf. I.

Die Schmetterlinge.

Eine Anleitung zur Kenntniß der Schmetterlinge
und

Raupen,

welche in Deutschland vorkommen,
nebst einer Anweisung,
Schmetterlings- und Raupensammlungen
zweckmäßig anzulegen.

Von
Dr. Gustav Bernhardt.

Mit 34 colorirten Abbildungen auf 6 Tafeln.

Fünfte verbesserte Auflage.

Halle,
Druck und Verlag von Otto Hendel.
1871.

Vorwort zur vierten Auflage.

Auch bei der vierten Auflage ist die in den frühern Auflagen befolgte Ordnung beibehalten worden und erscheint dieselbe der dritten gegenüber, einzelne Einschaltungen und Berichtigungen abgerechnet, im Wesentlichen unverändert.

Der Absatz, welchen das kleine Buch findet, ist ein Beweis dafür, daß die darin gebotene Anleitung Eltern und Erziehern willkommen ist. Der Knabe, welcher das Buch benützt, hat mancherlei Vortheil davon. Seine Streifereien geschehen nicht mehr zweck- und planlos, er lernt indem er seiner Lust nachgeht und sein Ordnungssinn empfängt manche heilsame Anregung.

Möge auch diese neue Auflage Freunde finden und Gutes wirken.

Der Verfasser.

Vorwort zur fünften Auflage.

Die Zahl der aufgenommenen Arten ist auch in dieser neuen Ausgabe nicht vermehrt worden, wenn auch hie und da einige Zusätze zur bessern Erkennung der einzelnen gegeben sind; vor Allem aber wurde bei den wissenschaftlichen Namen, besonders denen der Gattung der Neuzeit etwas mehr Rechnung getragen als bisher. Daß es nicht consequent geschah, hat seinen Grund darin, weil beinahe jeder Schriftsteller von Bedeutung die einzelnen Arten andern Gattungen unterordnet als der andere, und daher wurden nur da die neueren Gattungsnamen eingeführt, wo sie allgemein anerkannt worden sind.

Auch sind einige durch die Erfahrung bewährte Winke in Bezug auf Fang und Zucht der Schmetterlinge, wie auch das Präpariren der Raupen und die Aufstellung beider in der Sammlung hinzugefügt.

Möge auch diese neue Bearbeitung sich derselben Theilnahme erfreuen wie die früheren.

Halle, im November 1870.

Der Verfasser.

Inhalt.

Einleitung.

Wenn die Schneedecke, welche der Winter über die Erde breitet, vor den Strahlen der Frühlingssonne allgemach verschwindet, wenn die jungen Gräschen die Köpfe emporstrecken, die Knospe schwillt und auf sonnigem Beet der Krokus seine schimmernde Blüthe entfaltet; wenn der Frühlingssänger, die Lerche, aufs Neue ihre Jubellieder erschallen läßt — mit einem Wort, wenn der Lebenshauch des Frühlings über die Gefilde weht, da regt sichs aller Orten und Enden in der weiten schönen Gotteswelt; wohin nur das Auge dringt und wohin es nicht dringt, auch ins kleinste Zellchen, ins verborgenste Kämmerlein dringt dann der Ruf: Erwache! — Nicht in der Menschenbrust allein, nicht allein in dem Wipfel des majestätischen Waldbaumes, im rauschenden Strom, am sonnigen Felsenhang — auch im Blättermoder, unterm Stein, unterm feuchten Moos, in der Mauerspalte, unter der Baumborke regt sich neue Lust und neues Leben, und Millionen kleiner Thiere in millionenfach verschiedener Gestalt, oft so wunderbar schön und kunstfertig und stark, brechen hervor im neuen Lebensdrange und füllen jedes noch so kleine Räumchen im weiten Erdenhause. — Das sind die Insekten oder Kerfe, so groß an Zahl, daß man ausrufen möchte: Wer kann sie zählen! Seit den ältesten Zeiten haben sie auch den Forscher beschäftigt und die große Zahl von Arbeitern, welche gerade dieses Feld der Naturwissenschaften aufzuweisen hat, liefert wohl den sprechendsten Beweis, daß das Studium der Entomologie (Insektenkunde) eins der dankenswerthesten und anziehendsten ist.

Und in der That findet man auch nirgends sonst wo eine solche Mannichfaltigkeit nicht nur in Allem, was die äußere Erscheinung dieser merkwürdigen Thiere betrifft, sondern auch und mehr noch in der von dem schärfsten Instinct geleiteten Lebensweise einzelner Arten, wozu noch kommt, daß die Gelegenheit durch eigene Anschauung und Sammlung alles das zu erlangen, was das Studium eines Gegenstandes fördert und auf Geist und Herz gleich anregend wirkt, sich so überaus leicht und Jedermann darbietet. Denn nicht der Gelehrte, der Mann vom Fach allein vermag diese unerschöpfliche Fundgrube auszubeuten; ein Theil ihrer Schätze je nachdem nun Neigung oder Gelegenheit dem Einen oder Andern zuführt, sind für Jeden zugänglich und in den meisten Fällen kommt es nur darauf an, den Sinn dafür zu wecken.

Wir lassen täglich eine Menge von Erscheinungen in der Natur an unsern Augen vorübergehen und beachten sie nur darum nicht, weil es uns mit einem Worte an Einsicht und Kenntniß mangelt. Der am Blumenkelche hangende Käfer mit goldgrün schimmernden Flügeldecken, der Falter, der vor uns dahin gaukelt, von Zeit zu Zeit sich niederläßt und wie im Stolz das Doppelpaar seiner prachtvoll gezeichneten Flügel entfaltet: was unmittelbar unser Auge reizt, vermag uns wohl auf kurze Zeit zu fesseln, wir wissen aber kaum den einen oder andern namentlich zu bezeichnen, von ihrer Lebensweise ist uns nichts bekannt, wir wissen nicht, wie oft diese Thiere, jetzt in ihrer vollkommenen Gestalt, letztere zuvor wechseln mußten u. s. w. — Den Wurm, die Made am Boden beachten wir gar nicht, und doch ist es die Larve eines Käfers, welcher die Macht hat, ganze Wälder oder Ernten zu zerstören. — Die Biene kennt Jedermann, wir wissen, daß sie uns den köstlichen Honig liefert, an welchem wir uns laben, daß sie einen Haushalt hat, und oft schon standen wir vor ihrer Wohnung und sahen sie arbeiten: wie Wenige aber sahen bereits hinein in ihren wunderbaren Zellenbau und wie Wenige sind mit ihrem künstlichen Haushalt vertraut, trotzdem es kein zweites Beispiel von ähnlichem Kunsttriebe, von Fertigkeit und Muth, von Ordnung und von Sorgsamkeit in der Natur giebt? — die Spinne wird von uns verabscheuet, wir würden es nicht thun, wüßten wir, daß sie eins der harmlosesten Geschöpfe ist, überaus nützlich, und zwar von sonderbarer Gestalt, doch nicht etwa häßlich, sondern, unter dem Mikroskop betrachtet, wunderbar schön gezeichnet und mit einer Schärfe der Sinne begabt, wie wir sie in diesem Grade nur bei wenigen Geschöpfen finden.

Fügen wir diesen Beispielen hinzu, daß alle zu der zahlreichen Gattung der Kerfe gehörigen Thiere mehr oder minder eine Menge oft der wunderbarsten Eigenthümlichkeiten aufzuweisen haben, daß selbst die uns ganz unbedeutend scheinenden Arten, wenn nicht anders, doch durch die ungeheure Zahl, in welcher sie vorkommen, ein höchst wichtiges Glied in der Kette von Wesen bilden, welche in ihrer Gesammtheit das Fortbestehen des großen Haushaltes der Natur bedingen: wessen bedarf es dann noch, um uns mit allem Nachdruck aufzufordern, zu sammeln, zu forschen, um Viel, unendlich Viel zu lernen und uns wahrhaft zu erfreuen?

Wenn wir nun wissen, daß man jetzt bereits nahe an 100,000 Arten kennt, welche Zahl durch neue Entdeckungen immer noch vergrößert wird, so folgt daraus, daß nicht leicht Jemand die Entomologie in ihrer Gesammtheit umfassen kann, daß im Gegentheil der Eine oder Andere mehr dieser oder jener Familie seine Vorliebe zuwenden wird, ganz abgesehen davon, daß wenn auch die Kerfe über den ganzen Erdboden verbreitet sind, der Gegenstand des Studiums doch immer durch den Wohnort und die in dessen Nähe vorkommenden Arten bedingt und in gewisser Hinsicht beschränkt sein wird.

Erste Abtheilung.

Von den Insekten im Allgemeinen.

Die Insekten, auch Kerfe oder Kerbthiere genannt, gehören zu den wirbellosen Thieren, unter welchen sie eine eigene große Abtheilung bilden. Kopf, Bruststück und Hinterleib, durch Einschnitte von einander getrennt und sehr deutlich unterscheidbar, sind ihnen allen gemeinsam, so wie auch die Füße, deren Zahl bei den ausgebildeten Thieren sich immer auf sechs beläuft, ein Unterscheidungsmerkmal bieten, da sie gegliedert sind oder aus mehreren Gelenken bestehen. Ein eigentliches Scelett, so wie die bei allen Wirbelthieren sich findende Hirnsubstanz fehlt den Insekten theilweise, wohl aber haben sie ein Nervensystem, wenn dieses auch in seiner Ausbildung dem der Wirbelthiere nachsteht. In den meisten Fällen läßt sich das Vorhandensein sämmtlicher Sinne unterscheiden, nur scheinen oft zwei derselben einen gemeinschaftlichen Sitz zu haben, wiederum aber auch andere durch ihnen beigegebene Organe verstärkt, z. B. durch die Taster (Palpen). Das Hören geschieht durch die fälschlich so genannten Fühlhörner und der Geruchsinn hat seinen Sitz wahrscheinlich in den Luftlöchern. Das Auge, überall deutlich erkennbar, besteht aus einer großen Anzahl einzelner Aeugelchen, die in ihrer Gesammtheit ein so genanntes zusammengesetztes Auge bilden; häufig aber wird der Gesichtssinn noch durch einige einfache Augen auf dem Scheitel unterstützt.

Das Muskelsystem ist in den meisten Thieren dieser Ordnungen stark, je nach der verschiedenen Lebensweise, sehr zweckmäßig ausgebildet und ihre Bewegungen erfolgen daher nicht nur mit einem großen Aufwand von Kraft, sondern auch mit bewundernswerther Schnelligkeit. Wir erinnern hierbei nur an die Schnellkäfer und an einige fliegende Insekten. —

Die Kau= und Freßwerkzeuge der Kerfe sind ebenfalls je nachdem das Thier auf den einen oder andern Nahrungsstoff angewiesen ist, höchst kunstvoll construirt, im Allgemeinen aber unterscheidet man Werkzeuge, die zum Saugen, und solche, die zum Fressen eingerichtet sind, und sondert hiernach alle Insekten in zwei große Gruppen, wie wir später sehen werden. Alle organischen Stoffe ohne Unterschied dienen den Insekten zur Nahrung, daneben finden wir aber auch ganze Ordnungen, wie z. B. die Schmetterlinge, die mittels ihres Saugrüssels sich nur Pflanzensäfte als Nahrung zuführen, wobei noch die Meinung einiger Naturforscher viel für sich hat: daß nämlich einige Schmetterlingsarten gar keiner Nahrung bedürfen. —

Die Verdauungs=Werkzeuge sind ihrer Structur zufolge zwar verschieden von denen der Wirbelthiere, keines=

wegs aber von sehr einfachem Bau, und der Verdauungs-Prozeß verläuft in ihnen in derselben Ordnung wie bei diesen.

Das Blut der Insekten ist farblos und kalt und vertheilt sich durch den ganzen Körper unter Einwirkung des sogenannten Rückengefäßes, welches bei ihnen in gewissem Sinne die Stelle des Herzens vertritt, nicht aber findet es seinen Weg durch besondere Gefäße, wie bei den Wirbelthieren.

Alle Insekten sind mit mehrfachen Luftröhren versehen, die sich als vieläſtige Gefäße durch den Körper verbreiten und in einer Reihe an den Seiten des Hinterleibes und des Bruststückes befindlicher Oeffnungen (Stigmen) ihre Mündung haben.

Wie alle übrigen Thiere ist auch jedes Insekt, sofern es einmal und vollständig ausgebildet ist, in zwei Geschlechtern vorhanden, doch kommen bei einigen Arten, z. B. bei den Bienen und Ameisen, auch geschlechtslose Thiere vor, die jedoch nichts weiter als verkümmerte Weibchen sind.

Die meisten Insekten haben eine Reihe von Verwandlungen zu bestehen, ehe sie nach Verlauf einer gewissen Zeit in vollkommener Gestalt erscheinen. So ist z. B. die Raupe die Larve des Schmetterlings, die, geschlechtslos, nur den Zweck hat durch Ansammlung von Nahrungsstoffen einen Grad körperlicher Vollkommenheit zu erlangen, welcher erforderlich ist, um, indem sie sich einspinnt, zur Nymphe oder

Chrysalide (Puppe) zu werden, in welchem Zustande sie keine Nahrung zu sich nimmt, und, umschlossen von ihrer festen Hülle, allein der Luft zum Athmen bedarf. Aus dieser Puppe entschlüpft nach einiger Zeit der ausgebildete Schmetterling.

Die Lebensdauer der Insekten ist sehr verschieden, und zwar in Hinsicht auf die Gesammtheit ihrer Zustände, als auch in Bezug auf die einzelnen Entwickelungsstufen. Die Einen leben am längsten im Eizustande, wenn die Eier z. B. überwintern, die andern im Larvenzustande, noch andere als Puppe, das vollkommene Insekt hat meist die kürzeste Lebensdauer, die nur auf die Fortpflanzung seiner Art berechnet ist; ist diese erfolgt, so stirbt es. Die Temparaturverhältnisse und besonders der dazwischenkommende Winter üben einen bedeutenden Einfluß auf die Entwickelung aus, Wärme mit einem gewissen Grade von Feuchtigkeit beschleunigt dieselbe, Kälte verzögert sie. Manche Insekten haben in Jahresfrist mehrere Bruten (Generationen), andere bedürfen zu einer eine Reihe von Jahren.

Das Wohngebiet der Insekten erstreckt sich über den ganzen Erdkreis, sie fehlen nicht einmal der Schneeregion gänzlich, in den Aequatorialländern finden sie sich aber am häufigsten und zeichnen sich hier besonders durch Farbenpracht und Größe aus. Sie sind mehr Luft- als Wasserthiere, im Meere finden sie sich nicht, und ihr Instinct ist von außerordentlicher Schärfe, wie es denn kaum zweifelhaft ist, daß er z. B. Ameisen und Bienen zu gegenseitigen Mittheilungen befähigt.

Die Eintheilung der Insekten ist im Laufe der Zeit verschiedenen Wechseln unterworfen gewesen, für unsern Zweck genüge es, folgende festzustellen:

A. Insekten mit beißenden Mundtheilen.

1) Käfer oder Coleopteren, mit vier ungleichartigen Flügeln, die vorderen hornig.
2) Aderflügler oder Hymenopteren, mit vier gleichartigen ästig geaderten Flügeln, wie die Ameisen, Bienen und Wespen.
3) Gitterflügler oder Neuropteren, mit vier gleichartigen netzadrigen Flügeln, wie die Libellen.
4) Drehflügler oder Strepsipteren, mit vier bald gleichen, bald ungleichen, häutigen, netzadrigen Flügeln.
5) Gradflügler oder Orthopteren, mit vier ungleichartigen Flügeln, die vordern pergamentartig, die hintern häutig und in der Ruhe längsgefaltet, wie die Heuschrecken.

B. Insekten mit saugenden Mundtheilen.

6) Halbflügler oder Hemipteren, mit vier kreuzweis zusammengelegten ungleichartigen oder gleichartigen und dann häutigen Flügeln; im ersten Falle sind die vorderen meist bis zur Hälfte pergamentartig: Wanzen und Blattläuse.

7) Die Schmetterlinge oder Lepidopteren, mit vier gleichartigen beschuppten Flügeln.
8) Zweiflügler oder Dipteren, mit zwei nackten dünnhäutigen Flügeln, wie Mücken und Fliegen.

Die Schmetterlinge im Besonderen.

Die Schmetterlinge oder Lepidopteren bilden eine große, durch vier fein beschuppte Flügel und spiral einwärts gerollten Rüssel sich auszeichnende Ordnung der Insekten. Ihre Größe ist sehr verschieden: in den tropischen Gegenden finden sich deren, die fast einen Fuß mit ausgespannten Flügeln breit sind, während die kleinste bei uns einheimische Motte kaum einige Linien mißt. Die Flügel erscheinen in den mannichfachsten Formen, gezähnt, gezackt, eingeschnitten, wie bei den Federmotten u. s. w., alle aber sind mit feinen Schuppen besetzt, die in den verschiedensten, mitunter prachtvollen Farben schimmern. Nach ihrer Flugzeit theilt man sie ein in solche, die am Tage fliegen, und nennt diese **Tagfalter** (Papiliones diurnae), solche, die in der Dämmerung fliegen, **Dämmerungsfalter** (Sphinges), und solche, welche nur des Nachts fliegen, die man **Nachtfalter** (Papiliones nocturnae, Phalaenae) nennt. Diese Eintheilung, so natürlich an sich, wird noch unterstützt durch Merkmale an den Fühlern, Flügeln, am Sauger 2c., welche für die eine oder andere Gattung charakteristisch sind und mit Hülfe welcher man auch die Unterabtheilungen bestimmt. Es ist daher nothwendig, diese Merkmale kennen zu lernen.

Die Fühler (Antennae), so einfach sie ihrer Form nach sind, zeigen doch viele Abänderungen, meistentheils bilden sie schwache Fäden, welche sich gegen das Ende hin verdicken oder verdünnen und dabei im letzteren Falle gekerbt, gezähnt, gekämmt, befiedert, beblättert oder beschuppt erscheinen. Die deutliche Unterscheidung dieser Verschiedenheit in der Bildung ist oft nur durch das Mikroskop möglich. Wie sie aber auch gestaltet sein mögen, immer bestehen sie aus mehrfachen Gelenken, haben ihren Sitz stets am Kopfe und sind die Werkzeuge des Geruchs- und wahrscheinlich auch des Gehörsinnes.

Die Augen treten überall als zwei große Halbkugeln zu beiden Seiten des Kopfes sehr deutlich hervor und bestehen, unter dem Mikroskop betrachtet, aus einer großen oft unzählbaren Menge kleiner sogenannter Facetten (vielseitiger, mit etwas erhabener Grundfläche versehener und nach Innen gerichteter Kegel). Außer diesen großen Augen haben einige Arten noch sogenannte Nebenaugen (Ocellen), die sich oberhalb am Kopfe, theilweise durch die hier haftenden Haare verdeckt, befinden.

Die Palpen (Palpi), (Freßspitzen, Taster) sind zwei haarige oder beschuppte Anhängsel, welche den Grund des Saugers umgeben und mehr oder weniger schnabelartig vorn am Kopfe vorstehen, wenn sie sich dicht an einander legen, aber auch einzeln bleiben und dann schwertförmig nach oben gebogen oder auch anders gerichtet sind.

Der Sauger (die Zunge) ist von verschiedener Länge und stets spiralförmig gebogen. Er besteht aus zwei nebeneinanderliegenden Röhrchen, durch welche der Schmetterling seine Nahrung zu sich nimmt. Einigen fehlt er indeß gänzlich, und von ihnen nimmt man an, daß sie gar keiner Nahrung bedürfen, so z. B. dem Bomb. Carpini. Einige Dämmerungsfalter haben sehr lange Saugrüssel, unter ihnen der Sph. convolvuli den längsten, da er fast drei Zoll mißt.

Die Flügel, so zart sie auch gebaut erscheinen, bestehen doch aus zwei Lagen von Häuten, die durch ein zellenartiges Gewebe mit einander verbunden sind. Der sie bedeckende Farbenstaub erscheint unter dem Mikroskop als eine Menge stielständiger, in größter Regelmäßigkeit neben einander liegender und in bestimmter Richtung geneigter Schuppen. Die äußere Form der Flügel ist sehr verschieden, man nennt sie demzufolge breit, geästet, gerundet, eingeschweift, ausgeschweift, gezackt, gezähnt, geschwänzt. Ferner unterscheidet man sie als Ober- und Unterflügel, oder Vorder- und Hinterflügel und an jedem einzelnen wieder den Vorderrand, Innenrand und Außenrand. Mit der Wurzel ist der Flügel am Körper befestigt, der Vorderrand ist im Fluge vorn, der Innenrand hinten, der Außenrand ist die der Wurzel entgegenstehende Seite. In Rücksicht der Färbung bieten die Flügel die größte nur denkbare Mannichfaltigkeit dar; in selteneren Fällen nur ist die Zeichnung ganz einfach, in der Regel dagegen überaus bunt, immer regelmäßig gefärbt. Die Farben bilden alsdann gewisse Figuren, die man als Punkte, Flecken, Linien oder Striche, Streifen bezeichnet. Sind die Punkte groß und ringförmig umfärbt, so nennt man sie Augenflecke oder schlechtweg Augen; sind die Streifen schmal, so nennt man sie Striemen; sind sie dagegen breit, so heißen sie Binden und die so gezeichneten Flügel gestriemt oder bandirt. Einige Schmetterlinge tragen die Flügel im Zustande der Ruhe aufwärts zusammengeschlagen, andere breiten sie weit aus einander mit größerer oder geringerer Neigung nach oben oder unten, andere wieder schlagen sie fast unter sich zusammen, und hüllen sich gewissermaßen in dieselben. Zuweilen trifft man wohl auf Schmetterlinge, denen die Flügel gänzlich fehlen, oder bei denen sie doch so unvollkommen ausgebildet sind, daß sie ihnen zum Fluge nicht dienen können: dieses sind die weiblichen Schmetterlinge einiger Arten.

Die Füße des Schmetterlings erscheinen, besonders bei einigen Arten, im Vergleich mit ihrem durch die vier großen Flügel noch größer erscheinenden Körper nur schwach, sind aber regelrecht gegliedert und theilen sich in Schenkel, Schienbein und Fuß mit den Klauen. Wie wir oben sahen, hat jedes Insekt deren sechs und so auch die Schmetterlinge.

Doch finden sich unter ihnen und zwar unter den Tagfaltern einige Arten, bei welchen das vordere Paar klein und abgestumpft erscheint (Putzpfoten), so daß sie mehr einem andern Zwecke als dem des Gehens zu dienen scheinen. Man hat diesen Umstand benutzt, sie zu classificiren und unterscheidet nun Viergehefüßler (Tetrapodes) und Sechsgehefüßler (Hexapodes).

Von den Schmetterlings-Eiern.

Bevor der Schmetterling sein kurzes Leben beschließt, ist er für seine Nachkommenschaft besorgt, und die Art und Weise, wie das Weibchen seine Eier absetzt, und noch mehr, wie es dieselben gegen die Einflüsse der Witterung schützt, ist eben so mannichfaltig, als sie einen Beweis von dem scharfen Instinct dieser Thiere liefert. Der Form nach sind sie, mit bloßem Auge betrachtet, von rundlicher Gestalt, die unter dem Mikroskop sich in kleine Kugeln, glatte oder genarbte Ovale u. s. w. verändert; ihre Farbe ist bald nach der Legezeit noch hell, wird aber immer dunkler, je mehr die Zeit des Auskriechens der jungen Brut herankommt. Einige Arten legen ihre Eier zerstreut hinter Baumrinde, an trockene Blätter, an Gebäude, andere befestigen sie sehr kunstvoll in Form von festen Ringen um schwache Zweige, z. B. der Ringelspinner (Bomb. Neustria). In einigen Fällen finden sich die gruppirten ohne besonderen Schutz und nur durch eine Art Kitt an einander befestigt, meistentheils aber haben sie eine völlige Umhüllung.

Von den Raupen.

Sobald die Frühlingssonne ihre Wirkung auf die Vegetation zu äußern beginnt, entschlüpft die Brut dem überwinterten Ei und beginnt ihre Lebensfunktionen, indem sie mit ungemeiner Gier über das junge Laub herfällt; doch schlüpfen andere, welche nicht überwintern, im Laufe des Sommers nach wenigen Wochen unter Einfluß der Wärme aus. Die Raupe ist das gefräßigste Thier.

In der Größe und Körperbeschaffenheit der Raupen findet sich eine außerordentliche Verschiedenheit. Es giebt deren von fünf Zoll Länge, wie z. B. die sogenannte Todtenkopfsraupe, wenig kleiner ist die des Ligusterschwärmers und die schöne Wolfsmilchraupe, während die Blattwickler und Minirer kaum einige Linien lang sind. Viele Raupen sind glatt, andere kurz, wieder andere lang behaart, andere mit Buckeln und Wärzchen besetzt. Viele sind mit dichten Haarbüscheln bestanden, die man Bürsten nennt, daher Bär- und Bürstenraupen, viele haben Dornen, man sagt daher sie sind bedornt, viele der glatten Raupen haben am Ende ihres Körpers ein aufwärts gerichtetes Horn. Eine große Zahl von Raupen ist einfarbig, viele sind schön bunt gezeichnet durch Flecken, Linien, Punkte, Streifen. Doch liefert nicht immer eine schöne Raupe einen schönen Schmetterling, so ist z. B. die Raupe des Tagpfauenauges (Pap. Io), eines sehr bekannten und schönen Schmetterlings, ganz unscheinbar von Farbe und Gestalt.

Jede Raupe hat außer dem Kopfe zwölf Abschnitte oder Ringe, an welchen unterhalb die Füße paarweise sitzen, von denen man Brustfüße und Schwanzfüße oder Nachschieber unterscheidet. In den meisten Fällen zählt man acht Paare, doch giebt es auch solche, die weniger haben und fehlt es diesen Raupen dann an Bauch- oder Schwanzfüßen, die Brustfüße sind immer vollzählig vorhanden. Diejenigen, welchen die Bauchfüße fehlen, müssen bei ihrer Fortbewegung den Rücken stark krümmen und nennt man sie in Folge dieser dieser Bewegung Spannraupen oder kurzweg Spanner.

An den Seiten der Raupe befinden sich, wie bei allen übrigen Insekten, die sogenannten Spiegelpunkte oder Luftlöcher (Stigmata), durch welche die Raupe die nöthige Luft einathmet. Bei größern Raupen sind die Stigmen mit bloßen Augen zu erkennen und leicht aufzufinden, da sie in der Regel mit einer farbigen Einfassung umgeben sind.

Der Kopf ist von hornartiger Substanz und in den meisten Fällen halbkugelig, das an ihm befindliche Zangengebiß ist stark; sechs jederseits, oder auch weniger durch das Mikroskop wahrnehmbarer Wärzchen bilden die Augen, zwei kurze bewegliche Zäpfchen über denselben die Fühler. Unterhalb des Mauls sind zwei größere Warzen deutlich zu unterscheiden, es sind dieses die Spinnwarzen.

Das Innere der Raupen ist nicht von so ganz einfacher Structur, als man auf den ersten Blick glauben möchte. Zunächst bemerken wir einen Faden mit fortlaufenden Knoten, welcher sich ganz vom Kopfe bis zu dem After erstreckt und die Stelle des Rückgrates zu vertreten scheint. Unmittelbar darüber befindet sich ein größerer Kanal, welcher den Schlund, den Magen und die Gedärme enthält und wieder über diesem eine feine Röhre, welche längs des Rückens hinläuft und, wie man bei einigen glatten Raupen wahrnehmen kann, sich unaufhörlich ausdehnt und wieder zusammenzieht. Zu beiden Seiten dieses Kanals aber befinden sich viele fein verschlungene Gefäße, in welchen die Flüssigkeit bereitet wird, die der Raupe zur Anfertigung ihres Gespinnstes dient.

Jede Raupe, welcher Art sie auch angehöre, muß sich im Verlauf ihres Lebens einer mehrmaligen Häutung unterwerfen, d. h. sie streift ihre alte Haut ab und erhält eine neue. Dieser Prozeß wiederholt sich in der Regel drei- auch viermal und wohl noch öfter. Fühlt die Raupe den Zeitpunkt herannahen, so hört sie auf zu fressen und entledigt sich nach und nach aller Nahrung, dieser krankhafte Zustand dauert indeß nur kurze Zeit, da die alte Hülle sehr bald am Kopfe berstet und nach einigen Krümmungen und Windungen die mit der neuen Haut bekleidete Raupe daraus hervorkriecht.

Nahrung und Lebensart.

Das Laub der Bäume, Pflanzen, Gräser, überhaupt jedes Erzeugniß der Vegetation dient den Raupen zur Nahrung; einige scheinen nur auf bestimmte Nahrung angewiesen zu sein, z. B. die Wolfsmilchraupe, andere hingegen nehmen fast mit Allem vorlieb, sobald es nur grün ist. Es giebt gesellig und einsam lebende Raupen, zu letzteren gehört vor allen die Nesterraupe, die Raupe des Weißdornfalters (Pap Crataegi) u. a. m. Einige der kleineren Raupen, aus deren Puppen sogenannte Motten auskommen, haben die Eigenthümlichkeit, mittels Fäden ihres Gespinnstes ein Blatt zusammmenzurollen und sich auf diese Weise versteckt zu halten, man nennt sie Blattwirker, andere dagegen Minirraupen oder Minirer, weil sie sich zwischen Ober- und Unterhaut eines Blattes einfressen und das Blattfleisch in Form von schlangenartig gewundenen Gängen ausfressen. Auch einige Spannerraupen haben die Eigenthümlichkeit, nicht nur einzelne Blätter, sondern deren mehrere, durch Umwickeln mit ihrem Gespinnst gleichsam zu einer Höhle oder zu einem Neste zu gestalten, z. B. der Frühbirnspanner (Geom. Brumata), welchem der Frostschmetterling entkommt. Noch andere leben bohrend im Stengel krautartiger oder in dem Stamme holziger Pflanzen, in Früchten, Samen, Wurzeln und kommen gar nicht an das Tageslicht: solche pflegen weißlich in verschiedenen Schattirungen gefärbt zu sein.

Merkwürdig ist die Art und Weise einiger Raupen, sich gegen Angriffe zu vertheidigen und wie sie sich bemühen, ihren Feinden zu entgehen. Sich an einem Faden ihres Gespinnstes hinabfallen lassen, sobald sie beunruhigt werden, ist ein Verfahren, welches die meisten Raupen beobachten, andere hingegen schlagen mit dem Kopfe oder dem Schwanze. Die Raupe des Rothnesselfalters z. B. schlägt mit dem Kopfe und giebt überdies noch einen grünlichen Saft von sich, dasselbe thut die Raupe des Brennesselfalters (Pap. Urticae). Der Kopfweidenspinner (Bomb. Humuli) vertheidigt sich durch sein Gebiß und weicht langsam zurück; dabei spritzt er einen röthlichen Saft aus dem Maule, ähnlich verfährt der Bandweidenspinner oder Gabelschwanz (Bomb. Vinula) welcher fußweit einen scharfen Saft von sich spritzt, wobei er rothe Fäden aus seinen Schwanzfüßen hervorschießt. Die Bärraupen stellen sich bei der geringsten Berührung todt, indem sie sich zusammenrollen und nur bestrebt scheinen, ihren Kopf zu schützen. Die Spannerraupen verharren meistens auch in einem der Erstarrung ähnlichen Zustande, wenn sie einen Feind wittern, doch ist ihnen diese eigenthümliche Stellung auch zur Zeit der Ruhe eigen. Sie halten sich nämlich bei den Hinterfüßen fest und strecken den vorderen Körpertheil gerade von sich, so daß sie bei dunkler Färbung von einem Baumästchen kaum zu unterscheiden sind. Der Pflaumenflechtenspinner (Bomb. Quadra) vermag durch einen Sprung einen ziemlich entfernten, aber nur tiefer liegenden Punkt zu erreichen, dieselbe Fähigkeit besitzt die Raupe der Rainfarneule (Noct. Tanaceti), übt sie aber nur dann, wenn sie von einem Feinde belästigt wird. So hat fast jede Art von Raupen ihre interessanten Eigenthümlichkeiten.

Verwandlung der Raupen.

Sobald die Raupe die zu ihrer weiteren Entwickelung erforderliche Größe erreicht hat, verwandelt sie sich, d. h. sie wird zur Puppe. Wie jeder Häutung geht auch dieser Metamorphose ein krankhafter Zustand voraus, einige Raupen verändern sogar ihre Farbe, sie suchen ängstlich nach einem passenden Orte, je nachdem ihr Instinct sie nun lehrt, diesen an oder in der Erde, an Gebäuden, in Ritzen der Baumrinde, unter Steinen u. s. w. zu suchen. Der Ort nämlich, wo die Verwandlung vor sich geht, ist häufig ein charakteristisches Merkmal für die Art, ja für die ganze Familie. So verwandeln sich die Tagfalterraupen alle frei und ohne Gespinnst über der Erde und zwar hängen sich die meisten am Schwanzende an einen höhern Gegenstand auf; die Dämmerungsfalter verpuppen sich ohne Gespinnst in einer Erdhöhle oder unter Moos an der Erde, die Nachtfalter aber bald in oder auf der Erde und auch sonst an jedem beliebigen Orte ohne oder mit einem Gespinnste. Höchst mannichfaltig ist auch das Verfahren, welches von einigen Raupen bei ihrer Verwandlung beobachtet wird; manche bereiten sich mit großer Geschicklichkeit eine schützende Umhüllung, während andere viel sorgloser sind und ihnen einige trockene Blätter auf dem Erdboden genügen, um von ihnen geschützt in den Zustand der Chrysalide überzugehen. Die Tagfalterraupen verwandeln sich gewöhnlich in einem hohlen Baume, unterhalb eines schützenden Astes, unter

Dächern, an Mauern ꝛc. und entwickeln nicht wenig Kunstfertigkeit in der Wahl der verschiedenen Lagen, welche sie ihrer Puppe zu geben verstehen. Einige hängen mit dem Kopfe senkrecht herab, andere liegen schräg, wieder andere haben eine wagerechte Lage; in der Regel aber sind sie ohne schützende Umhüllung. Die Raupen der Dämmerungs- und Nachtfalter, sobald sie, um ihre Verwandlung zu bestehen, in die Erde kriegen, bilden sich hier eine Art Höhle, findet die Verwandlung an der Erde statt, so geschieht sie unter trockenem Laube oder Moos oder unter einem theilweis schützenden Steine; verwandeln sich diese Raupen aber über der Erde, so umgeben sie sich in der Regel mit einem starken filzigen Gewebe, z. B. der Erdeichelschwärmer (Zygaena Filipendulae), der Meierkrautspinner (Bomb. Purpurea), die Schleheneule (Noct. Psi) und viele andere mehr.

Die Schmetterlings-Puppe.

Der Gestalt nach zerfallen die Puppen in zwei Arten, in eckige und glatte, unter beiden herrscht aber wieder die größte nur mögliche Verschiedenheit. Alle sind sie länglich rund von Form und der Hintertheil verläuft in eine Spitze, die äußere Umhüllung ist hornartig, doch noch weich genug, daß das unter ihr lebende Thier jede Berührung verspürt und dies in vielen Fällen durch eine Bewegung zu erkennen giebt. Die eckigen Puppen, welche bei einigen Arten oft die abenteuerlichste Form haben und manche äußerst saubere Zeichnung durch Punkte und Striche darbieten, gehören mit ganz geringer Ausnahme den Tagfaltern an, da hingegen die glatten Puppen die Dämmerungs- und Nachtfalter in sich schließen. An letzteren glatten Puppen kann die Lage aller Körpertheile des in ihr befindlichen Schmetterlings wahrgenommen werden. Das Kopfende tritt überall deutlich hervor und an ihm sind sichtbar die Augenscheiden, die Saugerscheide, die Fußscheiden, die Flügelscheiden; der Hintertheil hat eine Anzahl Leibringe, welche dem Thiere eine schlagende Bewegung verstatten, sobald es berührt wird. Dies ist die einzige Lebensäußerung, deren es fähig ist, sonst zeugen von seinem Leben nur die Stigmen oder Athmungsorgane, welche sich eben so an der Puppe finden wie an der Raupe. Kurz nach der Verwandlung ist die Scheide der Puppen weich und erst nach und nach erlangt sie mehr Festigkeit und wohl auch eine dunklere Farbe. Je mehr sich der in ihr befindliche Schmetterling aber entwickelt, desto schwächer und durchsichtiger wird die Scheide, bis sie der entwickelte Schmetterling endlich mit leichter Mühe im Nacken an einer Naht zum Reißen bringt und unter Hinterlassung einiger Tropfen (röthlichen) Saftes den ersten ungewohnten Flug beginnt. Die Flügel nämlich erhalten nur nach und nach ihre vollkommene Gestalt, anfangs entstellen sie noch Falten und Brüche, die sich aber schon nach Verlauf von weniger als einer Stunde verlieren.

Nun endlich sehen wir den schönen, mit prächtigen Farben geschmückten Schmetterling vor uns, zu welchem der Keim in dem kleinen Ei gelegt worden war. Die Einflüsse der Witterung waren diesem günstig, die Frühlingssonne lockte das Räupchen aus ihm hervor, dieses wuchs heran, bestand seine Häutungen, entging glücklich den tausend Gefahren, welche sein Leben bedrohten und suchte nach erlangter Vollkommenheit ein Versteck, um als Chrysalide die Uebergangszeit gleichsam zum wirklichen Leben zu überdauern. Ihr Instinct lehrt sie, dieses Versteck gut zu wählen, wiederum gingen alle Gefahren, denen die Chrysalide nicht minder als die Raupe ausgesetzt ist, vorüber, und üm die Mittagszeit eines schönen Tages regt es sich plötzlich in der anscheinend leblosen Hülle, sie bricht und ein ganz neues Geschöpf, schön und bunt, mit vollkommeneren Eigenschaften begabt, geht aus ihr hervor. Die gefalteten Flügel spreizen sich allmählig, der anfangs unsichere Flug wird sicherer, noch vor Abend schwingt es sich empor, den Ort seiner Geburt sieht es nicht wieder.

Fang der Schmetterlinge.

Schöne Jugendzeit, mit deinen Streifereien durch Feld und Wald, wie lebhaft erinnere ich mich deiner, wenn ich meine Schmetterlinge betrachte! Ihr fröhlichen Schmetterlingsjagden! Wo ist der Knabe, der sie nicht kennt, der nicht im Verein froher Genossen den Wald durchstöberte, die Wiesen durchstrich? Wie der Jäger nach seiner Büchse langt, wenn der Morgen graut, also greift ihr nach euren Netzen und Schachteln, sobald die Freistunden gekommen. Wie aber der Jäger mit Klugheit zu Werke gehen, wie er Ort und Zeit wählen und sein Revier genau kennen muß, will er nicht ohne Beute nach Hause kommen, so dürft auch ihr nicht ohne Plan ins Freie stürmen, sonst möchtet ihr oft einen schlechten Fang machen. Vor allen Dingen muß man die Umgebungen seines Wohnortes kennen und solche Orte aufsuchen, wo man wirklich Schmetterlinge antrifft, man muß die Gewohnheit des Wildes kennen, welches man überlisten will. Nicht in dem tollen Nachstürmen hinter einem Schmetterlinge, nicht in dem schnellen Laufe besteht die Fertigkeit des Jägers, sondern in der Kunst, die Beute zu überlisten und zu beschleichen. Viele Tagfalter sind außerordentlich scheu, und hat man sie durch Unvorsichtigkeite inmal unruhig gemacht, dann sind sie in der Regel nicht zu erlangen. Man muß sie also beschleichen und vor allen Dingen auf seinen eigenen Schatten Acht haben. Ohne die nöthigen Geräthschaften wird man aber keinen Schmetterling fangen, wenigstens in keinem solchen Zustande, wie er für die Sammlung tauglich ist, und diese sind nun: die Scheere, das Sacknetz, Schachteln und eine hinreichende Menge von Nadeln.

Taf. II.

Die Scheere

ist ein diesem Instrument im Ganzen sehr ähnliches Gestell von Eisen oder Holz, mit ziemlich langen Schenkeln, oben zwei tellerähnliche am besten aber vorn geradlinig abgeschnittene Flächen bildend, die, mit Filet oder Gaze überzogen, bei der Handhabung sich auf- und zuklappen. Sie ist anwendbar, den Schmetterling zu fangen, wenn er auf einer Blume oder einem Strauche sitzt. (Siehe Tafel I.)

Das Sacknetz

besteht aus einem rundgebogenen Eisendraht, welcher durch den Saum eines Sackes von leichtem Zeuge (etwa 1½ Fuß tief), gezogen und an einem mäßig langen Stocke befestigt ist. Man fängt den Schmetterling damit, wenn er noch fliegt, an Mauern oder auf Bäumen sitzt. (Siehe Tafel I.)

Schachteln

muß man mehre und von verschiedener Größe besitzen. Sie müssen aus weichem Holze verfertigt oder am Boden mit solchem oder Stechtorf, auch Kork ausgelegt sein, damit die Nadeln gut darin haften, und dienen zur Aufbewahrung der gefangenen Schmetterlinge. (Siehe Tafel I.)

Die Nadeln

muß man von verschiedener Stärke (sogenannte Insekten-Nadeln), je nach der Größe des gefangenen Schmetterlings wählen.

Es ist wesentlich, sich gleichzeitig mit allen beiden oben genannten Instrumenten, hinreichenden Schachteln und Nadeln zu versehen, wenn man auf die Schmetterlingsjagd gehen will.

Will man auf Tagfalter Jagd machen, so muß das Wetter schön und warm sein, bei kaltem und trübem Wetter, besonders wenn es schon mehrere Tage lang angehalten hat, wird der Fang nicht besonders ausfallen. Wenn der Thau verschwunden ist, also gegen Mittag, kommen die Tagfalter zum Vorschein und fliegen bis gegen Abend, etwa bis vier Uhr Nachmittags, die günstigste Zeit sie zu fangen ist also kurz vor oder bald nach Tische. Der Lieblingsaufenthalt der Schmetterlinge sind blumige Wiesen, sogenannte Waldwiesen, mitten im Walde oder Busche gelegen, wo zu Zeiten fast an jeder Blume ein Schmetterling hängt, dann auch andere Wiesen, Kleefelder, Anger, besonders in der Nähe von Gärten, oder doch in der Nähe von Bäumen und Gebüsch. — Oft gehört viel Geduld und Ausdauer dazu, eines Schmetterlings habhaft zu werden; fliegt er auf, so behalte man ihn nur im Auge und warte bis er sich wieder gesetzt hat, oft kehrt er in unsere Nähe zurück. Hat man ihn gefangen, so hüte man sich wohl, ihn durch Unvorsichtigkeit zu verletzen, berühre womöglich die Flügel gar nicht und lähme ihn, indem man ihm den Vorderleib von unten zusammendrückt. Ist er so vollständig in unserer Gewalt, so durchsteche man ihn vorsichtig zwichen den beiden Oberflügeln mit der passenden Nadel, schiebe ihn ungefähr bis zu $^2/_3$ ihrer Länge auf derselben in die Höhe und stecke ihn in der Schachtel fest.

Die Schwärmer fliegen in der Dämmerung und ihr Fang bietet schon größere Schwierigkeit dar, einmal weil sie meistens sehr hoch, und dann weil sie sehr schnell fliegen. Am besten stellt man ihnen in Gärten nach, wo sie besonders um stark duftende Blumen und Sträucher, z. B. blühenden Flieder, oder um Jelängerjelieber schwärmen. Auch fängt man sie, wenn man eine Laterne in eine dunkle Laube stellt, weil sie durch den Lichtglanz angelockt werden. Es giebt sehr große und starke Exemplare unter ihnen und man hat alle Vorsicht anzuwenden, um sie gehörig in der Schachtel zu befestigen; viele von ihnen sind stark genug, die Nadeln aus dem Holze zu ziehen, und fliegen dann mit dieser bei Oeffnung der Schachtel davon. Daher ist es nöthig einen starken Riechstoff auf etwas Schwamm oder Watte in der Schachtel anzubringen, wie Terpentinöl, Chloroform, Schwefeläther, um sie zu betäuben und nicht zu quälen; denn die Schmetterlinge möglichst schnell zu tödten, muß Jedem am Herzen liegen, nicht nur, damit sie sich in der Schachtel nicht abflattern und unbrauchbar werden, sondern auch um nicht unmenschlich an den Thieren zu handeln! Am Tage findet man manche Dämmerungs- und Nachtfalter an Bäumen, an Planken und Mauern, oft sehr tief sitzend, und können sie dann mit Leichtigkeit gefangen werden.

Die Nachtfalter fliegen nach Eintritt der völligen Dunkelheit, man fängt sie am leichtesten bei schwülem, feuchtem Wetter, wo sie sich niedriger an der Erde halten, und wie die Dämmerungsfalter, mit Hülfe einer Laterne.

Der Fang der Dämmerungs- und Nachtfalter, welcher füglich nicht getrennt werden kann, weil beide nach und eine lange Zeit mit einander fliegen, wird am besten mit der Scheere und einer Laterne bewirkt, die man draußen im Freien am zweckmäßigsten mittelst einer Oese an einen Spazierstock aufhängt, sobald man beide Hände gebraucht; während des Fanges selbst kann man sie recht gut in einer Hand halten. Von Blumen sind es vorzugsweise der Natterkopf und die großen Flockblumen, ferner mit Blattläusen besetzte Sträucher, die man als Fangplätze zu wählen hat. Im hellen Mondscheine darf man nicht auf die Jagd gehen, denn in diesem fliegt kein Schmetterling.

Das Ausspannen der Schmetterlinge.

Kommt man vom Fange nach Hause, so hat man zwar nicht sogleich nöthig, die Schmetterlinge auszuspannen, thut aber wohl sie auf ein Gefäß mit feucht gehaltenem Sande, welches man gut zudeckt, zu stecken, damit ihre Flügel beweglich bleiben und nicht trocken werden. Das Verfahren beim Aufspannen ist folgendes: Man bringt die Schmetterlinge auf das Spannbrett. Es ist dieses ein Brettchen, größer oder kleiner, jedoch nicht zu groß, weil es einige Uebelstände mit sich führt, wollte man eine größere Zahl von Schmetterlingen zusammen auf einem Brett ausspannen. Einmal läuft man dabei Gefahr einen schon ausgespannten Schmetterling zu verletzen und dann bleibt auch ein größeres Brett selten gerade. Zu einem solchen Spannbrett, welches glatt gehobelt und mit ein bis zwei rinnenförmigen Vertiefungen, in welche der Leib der Schmetterlinge passen muß, versehen ist, eignet sich nur eine weiche Holzart, in welcher die Nadeln gut haften. Man stecke also den Schmetterling in der Rinne fest und hefte in etwas schräger Richtung zu beiden Seiten zwei Papierstreifen mit Nadeln straff und so an, daß sie die aus einander gebogenen Flügel auf das Spannbrett niederdrücken. Bei der eben beschriebenen Art des Spannbrettes hat das Einstecken der Nadeln manche Schwierigkeit und wird bei feinern geradezu unmöglich. Darum ist eine andere Art von Spannbrettern entschieden zweckmäßiger! Man denke sich ein offenes, etwa einen Fuß langes Kästchen von der Höhe, welche die Länge einer Insektennadel nicht vollkommen zu erreichen braucht, der Boden dieses Kästchens ist nicht geschlossen, sondern enthält eine engere oder weitere Spalte, im ersten Fall für kleinere, im zweiten für größere Schmetterlinge bestimmt, nach der Weite der Spalte richtet sich auch die Breite des Kästchens und gewissermaßen die Dicke der beiden Brettchen, welche die

Spalte zwischen sich lassen; denn die Spalte ist dazu bestimmt, die Schmetterlingsleiber aufzunehmen und das Brett muß breit genug sein, um dem ganzen Flügel als Unterlage zu dienen, aber auch dick genug, um den ganzen Hinterleib in die Spalte senken zu können. Um nun aber einen Stützpunkt für die einzustechenden Schmetterlinge zu gewinnen, leimt man unter die Spalte einen Streifen solchen Korkes, wie er früher zu Sohlen benutzt wurde, oder Stechtorf, wie man ihn zum Auslegen der Kästen benutzte. Bei solcher Einrichtung hat man nicht nur in seiner Gewalt, die Nadel bis zu jeder Tiefe einzustechen, sondern man kann auch eine größere Menge gleich großer Schmetterlinge hinter einander aufspannen und erspart Raum; möglichste Raumersparniß in jeder Hinsicht ist aber Jedem, der eine Sammlung, welcher Art sie auch sei, anlegt, dringend zu empfehlen. Ist der Schmetterling nun so eingesteckt, daß seine Flügel genau in der Ebene des Spannbrettes liegen, so bringe man mittelst einer Nadel, die der Bequemlichkeit wegen am besten in ein Heft gefaßt ist, die Flügel in die Lage, welche sie haben, wenn sie der lebende Schmetterling im Fluge ausbreitet, schärfer bestimmt so, daß der Innenrand der Vorderflügel mit dem Körper ein stehendes Kreuz bildet und die Hinterflügel so weit nachgezogen werden, daß ihre volle Spitze noch sichtbar bleibt; bei manchen Schmetterlingen haken sie sich in den Hinterrand der Vorderflügel ein und folgen ganz von selbst nach.

Auch den Fühlern und der Zunge gebe man die entsprechende Lage und ordne die Füße so gut es gehen will. Statt der Papierstreifen kann man sich auch schmaler Glasstücken bedienen, welche schon durch ihre Schwere die Flügel in der angegebenen Form halten, aber den großen Nachtheil haben, daß sie sich leicht verschieben und eine vollkommen wagrechte Lage des Spannbrettes voraussetzen, während man bei der Spannung mit Papierstreifen jenes aufrecht stellen oder hängen kann. So ausgespannt muß nun der Schmetterling vollständig trocknen, und zwar an einem schattigen Orte, der vor Staub geschützt ist, was bei kleinern einige Tage, bei größern aber zwei Wochen und oft längere Zeit erfordert. Um zu erfahren, ob ein Schmetterling völlig trocken ist, hat man nur nöthig, seinen Hinterleib mit einer Nadel zu berühren, wobei man denn aus dem Widerstande, welchen derselbe leistet, sich bald Gewißheit verschaffen kann. Ist der Schmetterling trocken, so wird er in die Sammlung aufgenommen. (Siehe Tafel I.)

Es sei noch daranf aufmerksam gemacht, daß sich in den Rinnen der Spannbretter Staubläuse einnisten, welche die Schuppen von den Flügeln der Schmetterlinge oder Stücken aus denselben heraus fressen. Daher erheischt es die Vorsicht, jedes Spannbrett vor dem Gebrauche durch Aufschlagen einer seiner Kanten auf einen Tisch, oder durch einige kräftige Hammerschläge an die Seitenwand des in der Hand gehaltenen Spannbrettes eine Erschütterung desselben zu bewirken, welche die Staubläuse zum Abfallen bringt; nimmt man dies Verfahren über einer dunklen Tischplatte oder über einem untergebreiteten weißen Papierbogen vor, so bemerkt man diese winzigen Thierchen leicht und kann aus ihrer Menge ersehen, ob das Abklopfen noch weiter fortzusetzen ist.

Die Schmetterlingssammlung.

Erst wenn man eine genügende Anzahl Schmetterlinge kennt, sie nach Familien, Sippen und Gattungen zu unterscheiden weiß und nun dazu schreitet eine geordnete Sammlung anzulegen, also das Nützliche mit dem Angenehmen verbindet, indem man lernt und zugleich sein Auge erfreut, erst dann vermögen wir zu begreifen, welchen Reiz es hat, sich mit Vorliebe einem Zweige der Naturwissenschaft, welcher es nun auch sei, zu widmen.

Zu einer Schmetterlingssammlung, soll sie umfassend werden, ist ein Schrank mit Glaskasten nöthig, für den Anfänger genügen jedoch ein oder einige dergleichen Kästen. Sie müssen aus trocknem Holze gefertigt und besonders gut gefugt sein, und ebenso muß die Glasdecke, sie möge nun zum Schieben oder zum Klappen eingerichtet sein, sehr gut schließen, da Alles darauf ankommt, jedem Raubinsekte, sei es auch noch so klein, den Eingang zu verwehren. Aus diesem Grunde ist es gut, den Falz des Deckels, wenn er

Taf. III.

zum Klappen eingerichtet ist, mit Tuch oder einem weichen Stoff belegen zu lassen, wodurch ein besserer Schluß erzielt wird. So lange die Kästen neu sind, wird man wohl keine Fugen an ihnen wahrnehmen, werden sie aber älter, und trocknet das Holz aus, dann werden die Ecken nicht mehr ganz luftdicht schließen. Sobald man dies bemerkt, verkittet man auch die kleinste Ritze mit Wachs. Das zum Kasten verwendete Holz muß gesund sein, denn wenn in ihm selbst schon Würmer sein sollten, so würden alle übrigen Vorkehrungen nichts nützen. Ein Anstrich, sowohl von Innen als Außen ist erforderlich und geht diesem einer dergleichen mit Terpentin vorher, so ist dieses zweckmäßig. Das Auskleben des Kastens mit Papier muß besser durch Leim oder Gummi Arabicum, als durch Kleister geschehen, weil dieser letztere leicht zerstörende Insekten anlockt. Der äußere Anstrich des Kastens sei von dunkler, der innere von heller, doch nicht ganz weißer Farbe. – In jeder Sammlung, sie möge nun enthalten, was sie wolle, kommt Alles auf Ordnung an und kann man daher in seiner Schmetterlingssammlung den Tagfaltern, Dämmerungs- und Nachtfaltern nicht ihr besonderes Behältniß zutheilen, so mache man wenigstens die entsprechenden Abtheilungen; denn Falter und Schwärmer unter einander aufzustecken, würde ganz regelwidrig sein. Wie weit man im Uebrigen auf richtige Eintheilung sehen kann, ergiebt sich theils aus dem Umfange der Sammlung, theils daraus, welche Arten die in unser Jagdgebiet gehörige Gegend liefert.

Will man streng nach der Regel verfahren, so ist auch ein Katalog nöthig und geschieht die Anlage desselben auf folgende Weise: Indem man sich bemüht, die Schmetterlinge in gerader Linie unter einander zu stecken, wird es leicht sein, den Kasten durch von oben nach unten gezogene Linien gleichsam in Spalten zu theilen und hat man dann nur nöthig, diese mit römischen Ziffern zu versehen, z. B.

I. | II. | III. | IV. u. s. w.

Ist dieses geschehen, so trägt man auf ein Blatt starkes Papier, welches zwar kleiner als der Kasten, in der Form aber diesem ganz entsprechend sein muß, dieselben Linien und Ziffern auf, und indem man nun jeden Schmetterling mit einer Nummer (von oben mit 1 anfangend) bezeichnet, welcher der Name beigefügt wird, hat man den einfachsten und übersichtlichsten Katalog nicht nur für sich selbst, sondern für Jedermann, sei er auch noch so wenig mit der Sache vertraut. Denn obwohl die Schmetterlinge selbst des beschränkten Raumes wegen nicht mit den entsprechenden Nummern bezeichnet wurden, findet man doch ihre Namen leicht, indem man immer von oben zählt. Ich will z. B. den Namen eines Schmetterlings in der III. Reihe wissen, so zähle ich nur in dieser von oben, wo ich dann finde, daß es der sechste ist. Im Katalog finde ich dann unter III., 6: Papilio argus, Stechginsterfalter. (Silberauge.)

Für den ersten Anfang genügt die angegebene Aufstellung, sobald sich aber die Sammlung vermehrt, können leicht Unbequemlichkeiten und Verwechselungen entstehen, und darum erscheint es unter allen Umständen gerathener, dem Schmetterlinge seinen Namen beizugeben, sei es auf einem möglichst kleinen an die Nadel gesteckten Zettel, sei es auf einem an den Boden des Kastens gehefteten, der bei der nöthigen Vorsicht den Schmetterlingen keinen Raum nimmt.

Es versteht sich nun von selbst, daß die Schmetterlinge nicht einer tief, der andere hoch stecken dürfen, und wenn die Spannbrettchen gut eingerichtet waren, so hat es damit auch keine Schwierigkeit, nur sehe man sich wohl vor, daß man besonders bei kleineren Exemplaren die schwachen Nadeln beim Einstecken nicht verbiege, und bediene sich lieber einer Drahtzange.

Bei einigen Schmetterlingen bietet die Unterseite der Flügel oft eine ähnliche schöne Farbenzeichnung dar, wie die Oberseite, und hat man, um dergleichen Exemplare auch von unten betrachten zu können, Kasten mit Glasböden. Auf der untern Glastafel werden alsdann kleine, egal geschnittene Korkstückchen mittelst Hausenblase aufgeleimt, in welche man den Schmetterling mit der Nadel feststeckt; oder man hilft sich auch auf die Weise, daß man ein Exemplar der Schmetterlingsart umgekehrt aufsticht, aufspannt und dazusteckt.

Die Feinde der Schmetterlingssammlung.

Die gefährlichsten Feinde der Schmetterlingssammlung sind die Motten, die kleinen Anthrenen sammt dem Kräuterdiebe (Ptinus fur) und die Milben; sind diese einmal eingedrungen, so ist unter Umständen die ganze Sammlung als verloren zu betrachten. Das beste Mittel gegen sie ist fleißiges Nachsehen der Sammlung, besonders des Sommers, starkriechende Stoffe schützen nicht allein, doch kann man immerhin etwas Insektenpulver einstreuen, (Kampfer soll die Farben ausziehen).

Zuweilen ereignet es sich auch, daß ein sonst gesunder und schon längere Zeit in der Sammlung befindlicher Schmetterling anfängt, eine ölige Feuchtigkeit auszuschwitzen, die ihn in kurzer Zeit gänzlich verunstaltet. Hiergegen bietet das allbekannte Benzin oder gereinigte Solaröl ein sehr gutes Hüfsmittel; entweder man bricht den öligen Hinterleib vorsichtig ab, legt ihn einige Tage hinein, läßt ihn trocknen und leimt ihn dann behutsam wieder an, oder, wenn mehr Theile, der Brustkasten und die Flügelwurzeln schon angegriffen sind, so steckt man den Schmetterling auf das Spannbrett, begießt die öligen Theile mit Benzin, streut klaren Thon über und wiederholt dies so lange, als dieser noch Fettigkeit einsaugt. Später klopft man den trocknen Thon ab, hilft mit einem Pinsel nach und kann so unter Umständen jede Spur verwischen, bisweilen aber auch einen graulichen

Schimmer vom Thone nicht entfernen. Die öligen Schmetterlinge werden auch leicht milbig. Ist dies der Fall, so nimmt man sie aus der Sammlung, steckt sie in eine Schachtel und stellt diese offen und umgekehrt in eine nicht zu heiße Ofenröhre. Die Schmetterlinge können einen höheren Grad von Hitze ertragen als die in ihrem Innern wohnenden Milben; wenn sich auch zunächst die Flügel etwas wellig verziehen, beim Erkalten werden sie wieder eben, vorausgesetzt, daß sie nicht verbrannt wurden. Die Gegenwart von Milben wird aber durch ein braunes Staubhäufchen um die Nadel herum auf dem Boden des Kastens angezeigt. Wenn der angegangene Schmetterling nicht werthvoll ist, so wirft man ihn am besten ins Feuer und ersetzt ihn durch einen gesunden; läßt man ihn in der Sammlung, so steckt er auch bald seine Nachbarn an und die Zerstörung greift dann mit Riesenschritten um sich.

Eintheilung der Schmetterlinge.

Die Naturforscher haben im Laufe der Zeit die Schmetterlinge verschieden klassificirt und jetzt herrscht noch keine völlige Uebereinstimmung unter ihnen, je nachdem der Eine dieses, der Andere jenes Merkmal für mehr oder weniger charakteristisch hält. Für unsern Zweck mag die folgende Eintheilung genügen:

I. Tagfalter. (Papiliones.)

Sie fliegen bei Tage, schlagen im Sitzen die Flügel aufwärts zusammen und haben zwei fadenförmige, in einem Knöpfchen endende Fühler. Ihre Raupen sind theils glatt, theils bedornt oder fein behaart, und verwandeln sich ohne Gespinnst über der Erde. Sie zerfallen in:

A. Viergehefüßler. (Papiliones tetrapodes.)

1) Edelfalter. Die Flügel sind schön roth oder braun gefleckt, die Unterseite derselben schillerfarbig. Die Raupen sind bedornt und haben Rückenstreifen. Die Puppe ist eckig und mit Gold= oder Silberspitzen besetzt.

2) Scheckenfalter. Die runden Vorderflügel sind gelb, roth oder schwarz gefleckt und punktirt, die Hinterflügel bandirt. Die Raupen haben dornähnliche Buckeln. Die Puppe ist eckig.

3) Eckflügel. Die ausgeschweiften Flügel sind schön bunt gefleckt. Die Raupen sind fein behaart, punktirt, gestreift und bedornt. Die Puppe ist mit Spitzen besetzt und silber= oder goldfarbig.

4) Schillerfalter. Die ausgeschweiften und gezähnten Flügel sind schillerfarbig (blau oder braun), und etwas gefleckt. Die Raupen sind zum Theil sogenannte Hörnerraupen (mit zwei Hörnern am Kopfe) oder auch bedornt. Die Puppe ist grünlich von Farbe und gespitzt.

5) Augenfalter. Die Flügel sind dunkelfarbig und mit Augen besetzt. Die Raupen haben am Ende zwei Spitzen. Die Puppe ist kurz und hat ebenfalls zwei Spitzen.

B. Sechsgefüßler. (Papiliones hexapodes.)

6) Breitflügler. Die Hinterflügel sind ausgeschnitten und zum Theil geschwänzt. Die Raupe der einen Art hat eine Gabel hinter dem Kopfe, die von ihr eingezogen und ausgestreckt werden kann. Die Puppe ist eckig und mit Spitzen besetzt.

7) Rundflügler, die überaus häufigen weißen und gelben Schmetterlinge, zum Theil mit schwarzer Zeichnung auf den Flügeln, umfassend.

8) Großköpfige Falter. Sie ähneln in der äußern Form den Nachtschmetterlingen. Ihre Fühler sind kurz, der Kopf groß und der Leib kurz und dick. Die Raupen sind nackt und wohnen in zusammengerollten Blättern. Die Puppe ist rund und glatt.

9) Schildraupenfalter. Eine artenreiche Sippe kleiner Schmetterlinge, die den sogenannten Schildraupen entkommen.

II. Schwärmer. (Sphinges.)

A. Tag-Schwärmer. (Sphinges diurnae.)

Sie fliegen bei Tage, sind aber träge und leicht zu fangen. Man unterscheidet:

1) Breitflügler, theils mit fadenförmigen, theils mit großen, gewundenen Fühlern, ihre breiten zum Theil gefleckten, zum Theil einfarbigen Flügel halten sie im Sitzen niedergebogen. Die Raupen sind fein behaart und meistens punktirt. Die Puppen sind glatt und haben lange Flügelscheiden.

2) Bartleibige Schwärmer. Der Sauger ist lang; die Fühler sind keulenförmig. Die nicht großen Flügel sind spitz gerandet. Die Raupen sind glatt und haben meistens ein Horn am Schwanzende; sie verwandeln sich in der Erde.

3) Glasflügel-Schwärmer. Der Sauger ist lang und dünn, die Fühler sind spindelförmig. Die schmalen langen Flügel sind meist durchsichtig. Die Raupen sind fein behaart und von heller Farbe; sie gleichen den Holzwürmern. Die Puppen sind lang und dünn und am Ende stachelig.

B. Dämmerungs-Schwärmer. (Sphinges nocturnae.)

Der Sauger ist spitz und kurz, die Fühler dick. Die Vorderflügel lang und schmal, die Hinterflügel klein; im Sitzen halten sie die Flügel niedergebogen. Sie fliegen in der Dämmerung. Die Raupen sind nackt und haben fast alle ein Horn; sie verwandeln sich in der Erde.

1) Ringleibige Schwärmer. Der Sauger ist stark, der Leib ist ringförmig hell und dunkel gefleckt. Die Flügel sind lang, die Hinterflügel mit Binden geziert.

2) Halbringleibige Schwärmer. Der Sauger ist schmal, der Hinterleib ist querstreifig schwarz und weiß geringelt.

3) Spitzleibige Schwärmer, mit zugespitztem Leibe und kurzem Sauger. Die Flügel sind lang und ausgeschweift.

III. Nachtfalter. (Phalaenae.)

Sie fliegen vorherrschend des Nachts. Die Fühler sind kammförmig, borsten= oder fadenförmig. Die Flügel tragen sie im Sitzen theils niedergebogen, theils eng an den Leib angeschlossen. Die Raupen sind nackt oder behaart und verwandeln sich theils über, theils in der Erde, mehr mit als ohne ein Gespinnst. Sie sind sehr zahlreich, der Größe nach ungemein verschieden, und zerfallen in:

A. Eulen, (Noctuae),

mit langem Sauger, borstenförmigen Fühlern und spitzem Hinterleib. Die Füße sind meistens bespornt: Die Flügel zum Theil bandirt. Außerdem theilt man sie ein in Edel=Eulen, Trauer=Eulen, Gespenst=Eulen, geschmückte Eulen, scheckige, fleckige Eulen und nach Beschaffenheit der Farbe in noch mehrere Sippen.

B. Spinner, (Bombyces),

mit kurzem Sauger und fadenförmigen Fühlern beim Weibchen, meist sehr schön gefiederten oder kammzähnigen beim

Männchen Die Vorderfüße sind rauh. Zum Theil haben sie eine Flügelfeder (hornartig), durch welche sie die Hinterflügel in Falten legen können. Man theilt sie ein in Spinner mit und Spinner ohne Flügelfeder. Außerdem in: Breitflügler, Schmalflügler, in pfauenäugige, edle, halbnackte Spinner u. s. w.

C. Spanner (Geometrae),

mit langgestrecktem Körper und meist nach den Geschlechten wie vorher verschiedenen Fühlern, sie fliegen zuweilen auch bei Tage. Man unterscheidet scheckige, streifige, mittelstreifige, eckstreifige, zackenstreifige, einfarbige, lanzettflüglige Spanner u. s. w.

D. Blattwickler, Zünsler, Motten, Federmotten,

(Tortrices, Pyralides, Tineae, Alucitae),

die kleinsten Arten der Nachtfalter, welche in ihrer Körperbildung alle vorhergehenden Nachtschmetterlinge im verjüngten Maßstabe wiederholen, sich aber besonders durch ihre stark entwickelten Freßspitzen und mancherlei andere Merkmale auszeichnen.

Zweite Abtheilung.

Beschreibung der Schmetterlinge,
welche
in Deutschland einheimisch sind.

I. Tagfalter (Papiliones.)

Viergehefüßler. (Papiliones tetrapodes.)

1. **Edelfalter.** (Papiliones nobiles. Argynnis.)

Die Flügel gezähnt, oberhalb rothbraun, heller und dunkler, unterhalb perlmutterartig und silberglänzend. Die Raupen sind bedornt und auf dem Rücken meist gelb gestreift. Die Puppe ist scharf geeckt und mit goldglänzenden Spitzen besetzt.

Hundsveilchenfalter. Argynnis Aglaja.
(Großer Perlmutterfalter.)

Die Flügel sind von rothgelber Farbe und mit ziemlich regelmäßig geordneten Punkten und Flecken bedeckt, die Hinterflügel auf der Unterseite grün angeflogen und mit kleinen, runden Perlmutterflecken versehen; er fliegt im Juli und August und ist nicht selten. Die Raupe ist schwarz, mit gelben Dornen besetzt und gelben Rückenstreifen, rothen Seitenflecken und schwarz bedornt. Die Puppe ist dunkel gefärbt, fast schwarz, mit wenig hervortretenden Spitzen.

Freisamkrautfalter. Argynnis Niobe.
(Bastardsilbervogel.)

Die Flügel sind gezähnt, auf der Oberseite schön rothgelb, schwarz berandet und unregelmäßig schwarz punktirt; auf der Unterseite sind die von matterer Färbung und mit einer aus acht silberfarbigen Punkten bestehenden Binde. Er fliegt im Juli und August und wird in ganz Deutschland häufig angetroffen. — Die Raupe oberhalb bräunlich, unterhalb gelb mit schwarzen Seiten- und Rückenstreifen und dazwischen weiß gepunktet, lebt auf Veilchen und Freisam (Stiefmütterchen). Die Puppe ist bräunlich mit silberfarbigen Flecken.

Waldveilchenfalter. Argynnis Euphrosyne.
(Waldperlmutterfalter, silbernes Halsband.)

Dieser in Deutschland sehr häufige Schmetterling ist dem vorigen sehr ähnlich, nur kleiner und von etwas hellerer Färbung. Er fliegt ebenfalls den ganzen Sommer hindurch. Die schwarze, mit gelben Punkten und Dornen besetzte Raupe lebt auf Waldveilchen, Erdbeeren ꝛc.

Natterwurzelfalter. Argynnis Amathusia.

Die Flügel sind schmutzig roth und mit regelmäßigen schwarzen Flecken gezeichnet, der Rand mit schwarzer Einfassung. Dieser Schmetterling findet sich nur im südlichen

Deutschland. Die Raupe ist grau von Farbe und hat schwarze Seitenstreifen; sie lebt auf Natterwurz.

Ackerveilchenfalter. Argynnis Latonia.
(Kleiner Perlmutterfalter.)

Die gezähnten Flügel sind rothgelb und schwarz gefleckt, mit silberfarbiger Schattirung untermischt. Die Unterseiten der Flügel gleichen sehr den Oberseiten, nur sind sie von matterer Färbung und die hinteren mit großen Silberflecken verziert. Er ist häufig und fliegt während des ganzen Sommers. Die braungraue Raupe ist mit gelben Dornen besetzt, hat einen weißen Rücken- und gelbe Seitenstreifen und lebt auf Esparsette, Ackerveilchen u. s. w. Die braungelbe Puppe ist gelb gezeichnet und hat Gold- und Silberspitzen. (Tafel II 7. — V. 3.)

Himbeerfalter. Argynnis Paphia.
(Silberstrich, Jäger.)

Die Flügel sind rothgelb und mit vielen schwarzen Flecken und Streifen gezeichnet. Die Unterseite der Flügel ist grün mit silberfarbigen Querstreifen. Die Raupe ist braun und hat einen gelben Streifen auf dem Rücken. Die Puppe ist braungelb und mit goldglänzenden Punkten besetzt.

Hainveilchenfalter. Argynnis Dia.
(Kleiner Silberpunkt.)

Im Verhältniß zu den Vorderflügeln sind die Hinterflügel ausnehmend breit; sämmtlich sind sie scharf gezähnt. Die

Unterseite der Flügel ist fast schöner als deren Oberseite, welche überhaupt der des nachfolgend beschriebenen braunfleckigen Falters sehr ähnlich ist. Die Unterseite der Hinterflügel ist rothbraun mit einer aus neun eingefaßten schwarzen Flecken bestehenden Binde, einige dieser Flecken sind perlmutterglänzend, die übrigen gelb; auch fehlen ihnen die dreieckigen silbernen Randflecken nicht. Der Falter ist nicht zu häufig und fliegt im Mai, zum zweiten Male im Juli und August. Die Raupe ist schwärzlich, auf dem Rücken von hellerer Farbe und mit weißgrauen Dornen besetzt. Sie lebt auf Hainveilchen und überwintert. Die Puppe ist braun oder schwarz von Farbe.

Braunfleckiger Falter. Argynnis Selene.

(Selene, taube Perlmutter.)

Die Oberseite der Flügel ist hellbraun mit schwarzen Flecken- und Punktreihen und schwarzer zifferförmiger Zeichnung, die am Vorderrande des linken Flügels der Jahrzahl 1501 nicht zu unähnlich sieht. Die Unterseite der Flügel ist zimmetbraun und ebenfalls schön gezeichnet und bandirt. Dieser Falter ist häufig und fliegt den ganzen Sommer hindurch. Die Raupe ist schwarz, und mit gelben Dornen besetzt. (Tafel VI. 1.)

Außerdem gehören zu ihnen:

Hohlbeerfalter, Märzveilchenfalter (mittlere Perlmutter, Fleckenreihe) und einige andere.

2. Scheckenfalter. (Pap. variegati Melitaea.)

Die Färbung der schön gerundeten Flügel ist bunter als die der Edelfalter und wechselt zwischen Rothbraun, Gelb und Schwarz. Die Hinterflügel haben auf der Unterseite bald eine orangegelbe, bald eine mattgelbe schwarzpunktirte Querbinde. Die Raupen haben fleischige Buckeln und heißen deshalb Scheindorn-Raupen, die Puppen sind abgestumpft und mit Knöpfchen besetzt.

Ehrenpreisfalter. Melitaea Artemis.

Die Flügel sind braunroth mit unregelmäßigen röthlichen Flecken; er fliegt im Mai und Juni. Die Raupe ist schwarz und hat auf dem Rücken und an beiden Seiten einen weißen Streifen; sie lebt auf Wegerich und Ehrenpreis. Die Puppe ist grünlich von Farbe, schwarz punktirt.

Spitzwegerichfalter. Melitaea Cinxia.
(Bandirter Mantel.)

Die Vorderflügel sind hellbraun und von schwarzen Streifen durchzogen, die Hinterflügel schwefelgelb mit röthlichen Querstreifen; er fliegt im Mai und Juni. Die Raupe ist schwarz und hat weißpunktirte Ringe; sie lebt auf dem Spitzwegerich und Ehrenpreis. Die Puppe ist dick und rund, schmutzig weiß von Farbe und mit röthlichen Knöpfchen besetzt.

Breitwegerichfalter. Melitaea Didyma.

Ein dem vorigen ziemlich ähnlicher Schmetterling, er

fliegt im Juni und Juli. Die Raupe ist braungelb und mit gelben und weißen Warzen besetzt. Die Puppe ist der vorigen ähnlich.

Mittelwegerichfalter. Melitaea Athalia.

Die Flügel sind oberhalb mit schwarzen Querreihen und braungelben Flecken heller und dunkler schattirt, schwarz und weiß gesäumt. Unterhalb sind die Vorderflügel hellfarbig mit schwarzen Flecken und Strichen schattirt, die Hinterflügel haben fünf gelbe Flecken mit schwarzem Rande und sind gelb bandirt mit weiß und schwarzer Einfassung, und haben außerdem am Rande zwei Querreihen halbmondförmiger Flecke. Dieser Schmetterling, nicht selten, fliegt vom Ende Mai bis August auf Wiesen, an Flußufern rc. — Die Raupe ist schwarz mit zwei weißen punktirten Linien, sie lebt auf allen Arten Wegerich. — Die Puppe ist braun mit schwarzer und rother Zeichnung.

Abbißfalter. Melitaea Maturna.
(Kleiner Maivogel.)

Die Flügel sind dunkelfarbig und mit rothen und gelben Flecken bestreut; die hintern führen auf der Unterseite 3 hellgelbe von schwarzem Geäder durchzogene Binden; er fliegt im Junius. Die Raupe ist schwarz und hat auf dem Rücken und an den Seiten schwefelgelbe Streifen; man findet sie im Frühjahr auf der Zitterpappel, Weide und jungen Eichen, auch auf Buchen. Die Puppe ist stumpf, schmutzigweiß und gelb und schwarz gefleckt. —

3. **Eckflügler.** (Pap angulati Vanessa.)

Der Außenrand der Flügel ist eckig ausgeschweift, diese sind auf der Oberseite gefleckt, auf der untern dunkelfarbig aber bunt. Die Raupen sind fein gestreift oder gesprenkelt und mit kurzen scharfen Dornen besetzt. Die Puppe ist eckig und oft gold= oder silberglänzend.

Distelfalter. Vanessa Cardui.

Die Flügel sind gezähnt, schön rothgelb und mit schwarzen Punkten regelmäßig gezeichnet Die Vorderflügel laufen in einer schwarzen Spitze aus, worin einige größere und kleinere weiße Flecken. Er fliegt im Juli und August und ist nicht selten. Die Raupe, grauschwarz mit gelben Punkten, lebt auf Disteln in leichtem Gespinnst. Die Puppe ist hellgrau, eckig, und mit Goldpunkten besetzt. (Tafel V. 1.)

Rothnesselfalter. Vanessa Io.
(Tagpfauenauge.)

Die gezähnten Flügel sind von brauner Färbung und beide, sowohl die Vorder= als Hinterflügel, haben auf den äußern Ecken je einen augenförmigenen, aus Gelb, Roth und Blau zusammengesetzten Fleck. Er fliegt im Junius und August. Die Raupe, schwarz mit weißen Punkten lebt auf der Rothnessel und auf Hopfen. Die Puppe ist grau, spitzig und schwach goldig punktirt. (Tafel I. 1. 2. 5. — VI. 3.)

Rüsterfalter. Vanessa Polychloros.
(Großer Fuchs.)

Die gezähnten Flügel sind schön braun gefärbt, haben

einen schwarzbraunen Saum und vor diesem eine Reihe blauer Flecken. Er erscheint schon in den ersten Tagen des Frühlings und ist sehr häufig. Die Raupe ist braun und hat auf dem Rücken und an den Seiten gelbe Streifen. Sie lebt auf Rüstern, Weiden, Obstbäumen ꝛc. Die Puppe ist rothbraun, eckig und goldig punktirt.

Brennnesselfalter. Vanessa Urticae.
(Kl. Fuchs, Blaukante.)

Dieser dem vorigen ganz ähnliche Schmetterling ist in ganz Deutschland sehr häufig und von jedem Kinde gekannt. Die Raupe ist schwarz, mit gelben Punkten und Streifen gezeichnet und lebt auf der Brennnessel. Die rothbraune Puppe ist scharf eckig und goldig punktirt.

Hadernesselfalter. Vanessa Atalanta.
(Admiral, Mars, Jungfrau.)

Durch die gezähnten Flügel, sowohl durch die Vorder- als Hinterflügel, geht eine Binde von schöner, rother Farbe, außerdem sind sie noch schön schwarz und weiß gezeichnet, auch mit bläulichen Punkten besetzt. Er fliegt den ganzen Sommer hindurch. Die Raupe ist schwärzlich grün, bedornt und mit gelben Flecken an den Seiten besetzt. Sie lebt auf der kleinen Nessel in einem losen Gespinnst. Die Puppe ist fleischfarbig, eckig und mit Goldpünktchen besetzt. (Siehe Tafel V. 1.)

Hopfenfalter. Vanessa C-album.

(Weißes C.)

Die ausgeschnittenen und gezähnten Flügel sind von gelbbrauner Färbung und haben einen schwarzbraunen Rand und dergl. Flecken. Auf den Hinterflügeln bemerkt man ziemlich deutlich ein weißes C; er fliegt im Junius und Julius und ist sehr verbreitet aber vereinzelt. Die Raupe ist am Kopfende roth, am Schwanzende weiß und mit Dornen besetzt; sie lebt auf Rüstern, Hopfen, Johannisbeeren 2c. Die röthliche und braun gefleckte Puppe ist goldig und punktirt.

Wasserweidenfalter. Vanessa Antiopa.

(Trauermantel.)

Die gezähnten, schwarzbraunen Flügel sind hellgelb, selten weiß besäumt und davor blau gefleckt. Er fliegt während des ganzen Sommers. Die schwarze Raupe, mit rothen Flecken auf dem Rücken, lebt auf Weiden, Pappeln, Birken 2c. Die Puppe ist eckig und braun von Farbe.

4. **Schillerfalter.** (Papil. versicolores. Apatura Limenitis.)

Die Farbe der Flügel ist meistens dunkel aber schillerfarbig, dabei sind sie etwas ausgeschweift und gezähnt; die Hinterflügel haben im Innenwinkel meistens ein Auge. Die Raupen, mit einigen blaßgelben Querstreifen gezeichnet, haben am Kopf zwei Hörner, weshalb sie Hörnerraupen genannt werden; auch haben sie am Ende des Kopfes zwei kleine Spitzen. Die grüne Puppe ist zusammengedrückt und hat am Kopf ebenfalls zwei Spitzen.

Bachweidenfalter. Apatura Iris.

(Gemeiner Schillerfalter.)

Die schwarzbraunen Flügel haben eine weiße Binde und ein mit einem röthlichen Ringe eingefaßtes Auge. Er fliegt im Juli und wird in ganz Deutschland angetroffen. — Die Raupe, gelb und grau gestreift, hat rothe Schwanzspitzen und lebt auf Weiden. Die Puppe ist grünlich und hat drei Spitzen.

Heckenkirschenfalter. Limenitis Sybilla.

(Kleiner Eisvogel, weißer Admiral.)

Die Farbe der schwach gezackten Flügel ist schwarzbraun. Der Rand weiß besäumt mit regelmäßigen dunkeln Flecken; in der Mitte derselben ist eine schöne, weiße Zeichnung. Er fliegt im Juli. — Die grünliche Raupe mit rothen Dornen und weißen Seitenstreifen lebt auf der Heckenkirsche, Jelängerjelieber 2c. Die Puppe ist eckig, grün von Farbe und silbern punktirt.

Pappelfalter. Limenitis Populi.

(Großer Eisvogel.)

Die etwas geschweiften Flügel sind matt grauschwarz mit weißen Spitzenflecken und einer weißen, beim Männchen kaum angedeuteten Mittelbinde geziert, die Unterseite ist zimmetgelb und blaugrau bunt. Die braun und gelb geringelte Raupe lebt auf der Espe. Die Puppe ist schmutzig gelb von Farbe. (Tafel I. 6.)

Im Ganzen sind die Schmetterlinge dieser Gattung weniger zahlreich.

5. **Augenfalter.** Papiliones ocellati.

Die dunkelfarbigen Flügel haben meist am Außenrande einige schwarze oder dunkelbraune Flecken mit weißem Mittelpunkte (Augenflecken). Die Raupen mit kugeligem Kopf haben zwei Spitzen am Körperende und heißen deshalb auch Zweispitzenraupen. Auch bei der gedrungen geformten Puppe finden sich diese Spitzen.

Schwingelgrasfalter. Pap. (Pararge) Megaera.

(Mauerfuchs.)

Durch die braungelben Flügel zieht sich eine aus gelben Flecken bestehende Binde, die zugleich ein schwarzes Auge mit weißem Punkte einschließt. Dieser Schmetterling ist sehr häufig und fliegt den ganzen Sommer hindurch. Die Raupe ist grün mit dunklen Rücken- und Seitenstreifen. Die Puppe ist dunkelfarbig, mit Spitzen und hellen Punkten besetzt.

Blutgrasfalter. Pap. (Erebia) Medusa.

(Gemeiner Bergfalter.)

Die Flügel sind schwarzbraun und mit einer Reihe weißgekernter, schwarzer Augen auf rothem Grunde in der hintern

Flügelfläche gezeichnet. Er fliegt im Mai und Juni. Die Raupe ist grün und weiß gestreift.

Perlgrasfalter. Pap. (Coenonympha) Arcania.
(Rostflügel.)

Die Vorderflügel sind rostfarben, die Hinterflügel dunkler gefärbt. Sowohl die Vorder= als Hinterflügel haben ein Auge, letztere auch eine weiße Binde. Er fliegt im Junius und Julius. — Die grüne Raupe hat auf dem Rücken einen dunkeln, an den Seiten weiße Streifen; sie lebt auf dem Perlgras. — Die Puppe ist hellbraun und von Farbe von abgestumpfter Form.

Riedgrasfalter. Pap. (Epinephele) Janira.
(Gemeiner Wiesenfalter.)

Ein in ganz Deutschland häufig vorkommender brauner Schmetterling mit einem Auge in den Spitzen der Vorderflügel. Er fliegt während des ganzen Sommers auf Wiesen. — Die grüne Raupe mit weißen Seitenstreifen lebt auf dem Riedgrase. (S. Tafel II. 6.)

Roßgrasfalter. Pap. (Satyrus) Hermione.
(Eremit, Atlas.)

Die Farbe der Flügel ist schwarzbraun, eine weißliche Binde zieht sich längs der Außenränder hin und beginnt in den Spitzen der Vorderflügel, wo sich ein schwarzes Auge mit weißem Punkte befindet. Er fliegt im Julius und August.

Wasengrasfalter. Pap. (Epinephele) Tithonus.
(Pomeranzen-Atlas, kleines Doppelauge.)

Die Flügel sind schwach gezähnt, die Vorderflügel auf der Oberseite dunkelbraun, auch wohl olivenfarbig mit einem dunkelgelben Mittelfelde, welches sich an den Seiten in einen schwarzen Fleck verliert, welcher zwei weiße Punkte umfaßt. Die Hinterflügel sind weniger dunkel und haben im Innenwinkel ein kleines Auge mit weißer Pupille. Dieser Falter ist häufig und fliegt im Julius und August. Die Raupe ist schmutzig grün und dunkel gestreift und lebt auf dem Wegegras. Die Puppe ist grün und eckig.

Queckengrasfalter. Pap. (Pararge) Egeria.
(Gefleckter Waldfalter.)

Im Ganzen ist dieser Falter dem vorigen ziemlich ähnlich, die gezähnten Hinterflügel haben am Außenrande drei gelbumringte Augen und sind von gelbbrauner Farbe, die nach den Außenrändern hin rothbraun wird. Er fliegt im Frühling und Sommer. Die Raupe ist zart behaart, von mattgrüner Farbe und dunkelgrün und weiß gestreift; sie findet sich im Julius und August auf der Quecke. Die grünliche Puppe ist eckig.

Lieschgrasfalter. Pap. (Melanagria) Galatea.
(Brettspielfalter, Argus.)

Die Flügel sind gezähnt, schwarz und gelblich gefleckt; auf den Hinterflügeln vereinigen sich diese Flecke zu einer

Binde. Die Vorderflügel haben überdies in den Spitzen ein verloschenes Auge, die Hinterflügel deren drei kleine. Die Unterseite der Vorderflügel entspricht fast der Oberseite, nur sind die Flecken größer und trägt die weißliche Spitze ein schwarzes Auge mit weißer Pupille. Die Unterseite der Hinterflügel ist schmutzig weiß, schwarz geadert und die Flecken entsprechen der Oberseite. Er fliegt vom Julius bis in den September auf Wiesen, in Gärten 2c. und ist sehr häufig. — Die anfänglich grüne Raupe wird vor der Verwandlung gelblich, ist auf dem Rücken dunkel, an den Seiten hellgestreift und hat am Ende zwei Spitzen mit rothen Dornen. Sie lebt auf dem Wiesenlieschgras. Die gelbliche Puppe ist eiförmig und glatt.

Taumelgrasfalter. Pap. (Pararge) Dejanira.

(Gelbauge, Tanzmeister.)

Die gezähnten Flügel sind oberhalb graubraun, die Vorderflügel mit fünf, die Hinterflügel mit zwei schwarzen gelbgerandeten Augen. Die Unterseite der Flügel ist hellfarbiger, ebenfalls, aber mit verloschenen Augen geziert, die hintern sind überdies bandirt. Dieser in ganz Deutschland häufige Schmetterling fliegt im Juli und Anfangs August, aber nur in Gehölzen. — Die Raupe ist hellgrün mit dunkeln Längsstreifen und fein behaart; man findet sie im Mai und Juni auf dem Taumelgrase.

Ferner gehören hierher:

Hundsgrasfalter. Pap. Medea. (Gemeiner Waldfalter.)

Zittergrasfalter. Pap. Iphis.

Kammgrasvogel. Pap. Pamphilus. (Kleiner Heuvogel.)

Hirsengrasfalter. Pap. Hyperanthus. (Grasvogel.)

B. **Sechsgehefüßler.** Papiliones hexapodes.

6. **Breitflügler.** (Papiliones Equites.)

Die Hinterflügel, bei einigen geschwänzt, bei andern nicht, sind am Innenrande ausgeschnitten und lassen den Leib des Falters unbedeckt. — Die Raupe, mit stark ausgebildetem Vordertheil, vermag den Kopf unter dem ersten Ringe zu verbergen. Die Verwandlung geschieht über der Erde und ist die Puppe durch einen umschlungenen Faden an einen Gegenstand befestigt.

Fenchelfalter. Pap. Machaon.

(Schwalbenschwanz.)

Dieser nicht seltene, ziemlich große Schmetterling hat eine blaßgelbe Farbe und ist schwarz geadert und schattirt. Die Hinterflügel enden in einer Spitze und haben eine Reihe regelmäßiger blauer Punkte und ein rothes Auge. Er fliegt im Mai. Die dunkelgelb und schwarz geringelte Raupe lebt auf Fenchel, Dill ꝛc. und kann einen gabelartigen Fleischzapfen hinter dem Kopfe vorstrecken. — Die Puppe ist grünlich und der Länge nach gesteift. Mit ihm wird häufig verwechselt der

Schwarzdornfalter. Pap. Podalirius.

(Segelfalter.)

Er ist dem vorigen sehr ähnlich, in der Grundfarbe blasser und die schwarze Zeichnung nicht flecken-, sondern streifenartig. Er fliegt im Mai und August. — Die Raupe ist grünlich weiß von Farbe und roth punktirt; sie lebt auf dem Schwarzdorn, aber auch auf Obstbäumen. — Die Puppe ist theils braun, theils gelb.

Kleiner Fenchelfalter. Pap. Polyxena.

In der Farbe und Zeichnung ist er den beiden vorigen ähnlich, nur kleiner als sie und hat keine Schwanzspitzen. Er findet sich meist nur im südlichen Deutschland und zeigt sich im Frühjahr. — Die Raupe ist gelb, schwarz punktirt und mit rothbraunen Dornen besetzt. — Die Puppe ist graubraun von Farbe.

7. **Rundflügler.** Pap. Danai.

a) Weiße Falter. Pap. Danai candidi.

Die Flügel sind gerundet und ungezähnt, in der Ruhe bedecken sie den Unterleib und schlagen oben schließend zusammen. Die Grundfarbe ist stets weiß oder gelb.

Weißdornfalter. Pieris Crataegi.
(Baumweißling, Lilienvogel.)

Die Flügel sind dünn, weiß beschuppt und schwarz geadert. — Die Raupe findet sich fast auf allen Obstbäumen, sie ist behaart, dunkelfarbig und orangengelb gestreift. Sie leben gesellschaftlich und überwintern in einem dichten Gespinnste, den sogenannten Raupennestern. Die Puppe ist schmutzig grün, schwarz gefleckt und punktirt.

Großer Kohlweißling. Pieris Brassicae.

Weiß, die Vorderflügel mit schwarzer Spitze und einem schwarzen Flecke hinter der Flügelmitte, die hinteren mit einem solchen am Vorderrande. Die Unterseite der Flügel besonders der hinteren ist mehr gelb und zwar gleichmäßig bestäubt. Dieser Schmetterling ist in manchen Jahren ungemein häufig und seine Raupe, die sogenannte Kohlraupe, sehr schädlich; sie ist graugrün, gelb gestreift und schwarz punktirt. Die Puppe mit einer Kopf- und fünf Rückenspitzen ist schmutzig grün und schwarz punktirt.

Rübenfalter. Pieris Rapae.
(Kleiner Kohlfalter.)

Von dem vorigen nur wenig unterschieden, doch ist er kleiner. Die Raupe lebt auf dem weißen Rübenkohl und andern Küchenkräutern und hat eine mattgrüne Farbe mit gelbem Rückenstreif und gelben Seitenpunkten. Die Puppe, der vorigen ähnlich, hat gelbe Längsstreifen.

Rapsfalter. Pieris Napi.
(Rübenweißling.)

Die Grundfarbe der Flügel ist weiß, die Spitze der Vorderflügel ist schwarz, die sich mitunter in einen Saum verläuft. Das Männchen hat einen schwarzen Punkt auf den Vorderflügeln, das Weibchen deren zwei. Die Hinterflügel sind um die Adern gelb bestäubt. Die Raupe ist von mattgrüner Farbe und weiß und schwarz punktirt, an den Seiten hat sie rothgelbe Punkte. Sie lebt auf der Rübsaat, Kohl und andern Küchengewächsen. Sowohl sie als ihr Schmetterling ist von diesen dreien die seltenste und nur stellenweise häufig. Die schmutzig grüne Puppe hat eine abgestumpfte Gestalt und Kopf- und Rückenspitzen.

Senffalter. Leucophasia Sinapis.
(Senfweißling.)

Die Flügel haben eine länglich runde Form und sind oberhalb weiß, unterhalb gelb; die Hinterflügel haben eine fast oder vollständig verloschene schwarze Querbinde. Stellenweise, besonders in Waldungen sehr häufig. — Die Raupe ist mattgrün von Farbe und an den Seiten gelb gestreift. Die Puppe, der des Bergkreßfalters ähnlich, ist rothbraun gestreift.

Bergkreßfalter. Anthocharis Cardamines.
(Kreßweißling.)

Die Flügel sind weiß, unten gelblichgrün, die Vorderflügel sind schwarz gespitzt und haben einen mondförmigen schwarzen Fleck, doch hat das kleinere Männchen daneben einen orangefarbenen Fleck. Auch dieser Falter ist sehr häufig. — Die Raupe ist der vorigen sehr ähnlich. — Die Puppe, schmutzig grün, ist höchst eigenthümlich kahnförmig, vorn und hinter ziemlich gleichmäßig zugespitzt und aufgebogen, an den Seiten gelbbraun gestreift.

b) Gelbe Falter. Pap. Danai flavi.

Kronwickenfalter. Colias Hyale.

(Goldene Acht. Schwefelgelber Heuvogel.)

Das Männchen hat schwefelgelbe Flügel, das Weibchen ist matter gefärbt. Die Vorderflügel sind schwarz gespitzt und haben einen schwarzgelbgefleckten Außenrand. Die Unterseite der Flügel ist einfarbig, hat eine dunklere Fleckenreihe gegen den Saum hin und an den Hinterflügeln eine dunklere Zeichnung in Form einer Acht. Der Falter ist häufig. — Die Raupe ist schön grün, schwarz punktirt und an den Seiten gelb gestreift; sie lebt vorzüglich auf der Kronwicke. — Die Puppe ist grünlich und wird dunkelfarbiger je näher die Zeit der Verwandlung rückt.

Geiskleefalter. Colias Edusa.

(Pomeranzengelber Heufalter.)

Die Grundfarbe der Flügel ist orangengelb, sie haben einen schwarzen, nach Innen gezackten Außenrand und sind schwarz gefleckt. — Die grüne Raupe, mit einem weißen, gelb und blau punktirten Streifen auf der Unterseite, lebt auf Geisklee. — Die Puppe hat eine schmutzig gelbe Farbe, die Flügelscheiden sind dunkler.

Kreuzdornfalter. Rhodocera Rhamni.
(Citronenblatt.)

Das Weibchen ist matter gefärbt als das Männchen, beide haben auf der Oberseite einen rostbraunen Fleck und einen Zahn am Rande. Dieser sehr häufige Schmetterling fliegt den ganzen Sommer hindurch. — Die Raupe ist mattgrün, unterhalb weiß und lebt auf Kreuzdorn. — Die Puppe ist gelbgrünlich und wird später braun.

8. **Großköpfige Falter.** Plebeji urbicolae.

Bei einem großen Kopfe mit kurzen Fühlern haben sie einen kurzen dicken Leib. Die Raupen sind ebenfalls kurz und dick, unbehaart und wohnen in zusammengesponnenen Blättern. Sie heißen deshalb Scheinwicklerraupen. Die Puppen sind ebenfalls kurz und rundlich.

Schmielenfalter. Hesperia Linea.
(Kornfuchs.)

Die Flügel sind rothgelb, gelb besäumt und schwarz geadert. Er fliegt im Junius und August und ist in ganz Deutschland heimisch. — Die Raupe ist grün mit dunklen Rücken- und weißen Seitenstreifen und lebt auf Schmielen und andern Grasarten. — Die Puppe ist gelblich, wird aber späterhin braun.

Mannstreufalter. Hesperia Tages.

'Die schwarzbraunen Flügel sind grau und röthlich gefleckt. Er ist sehr häufig und fliegt den ganzen Sommer hindurch. — Die Raupe ist grün mit gelbem Rücken- und Seitenstreif, sie lebt auf Mannstreu und dem gehörnten Schotenklee. — Die Puppe ist röthlich am Obertheil grünlich.

Malvenfalter. Hesperia Malvarum.

Die gezähnten Flügel haben eine dunkelbraune Färbung, dunklere Striche und weiße durchsichtige Flecken. Der Schmetterling ist häufig und fliegt vom Mai bis zum August. — Die Raupe ist aschgrau, schwarzköpfig und weiß behaart und lebt auf der Malve. — Die Puppe ist blau und braun geringelt.

Großwegerichfalter. Hesperia Paniscus. (Kleiner Pan.)

Die Oberseite der Flügel ist schwarzbraun, die Vorderflügel haben mehrere viereckige goldgelbe Flecken, die Hinterflügel deren drei und längs des Außenrandes eine Reihe kleiner länglich runder Flecken. Die Unterseite der Vorderflügel ist fast gelb, die der Hinterflügel mehr braun. Der Falter, nicht gar zu häufig, fliegt im April und Mai in Gehölzen. Auf Waldveilchen. — Die Raupe ist dunkelbraun und an den Seiten weißlich gestreift mit orangefarbenem Halsband.

Peltschenfalter. Hesperia Comma.

(Strichfalter.)

Die rothbraunen ungezähnten Flügel mit schwarzbraunem Außenrande haben außer einigen hellgelben Flecken einen wie ein Comma gestalteten Strich, durch welchen eine silberfarbige Linie geht. Die Hinterflügel haben diese Zeichnung nicht, auch fehlt sie dem Weibchen. Die Unterseite der Flügel ist grünlichgelb. Man findet diesen Falter häufig in Waldgegenden im Julius und August. — Die schmutziggrüne Raupe, auf dem Rücken und an den Seiten rostbraun, hat hinter dem Kopfe einen weißen schwarzeingefaßten Ring. — Die Puppe ist rundlich und dick und braun von Farbe.

9. **Schildraupen-Falter.** Plebeji rurales.

(Bauern, Röthlinge und Bläulinge.)

Es ist dieses eine kleine Schmetterlingssippe, die von den sogenannten Schildraupen, die mehr einem Wurme oder einer Assel als einer Raupe ähnlich sind, ihren Namen führt. Die Hinterflügel dieser Schmetterlinge sind bisweilen kurz geschwänzt. Die kleine abgestumpfte und glatte Puppe ist um den Leib aufgehängt. Man unterscheidet Kleinschwänzige, Vieläugige, Goldglänzende &c.

Goldruthenfalter. Lycaena Virgaureae.

(Feuerfalter, Dukatenfalter.)

Die Flügel sind schön goldfarbig, und beim Weibchen

Taf. IV.

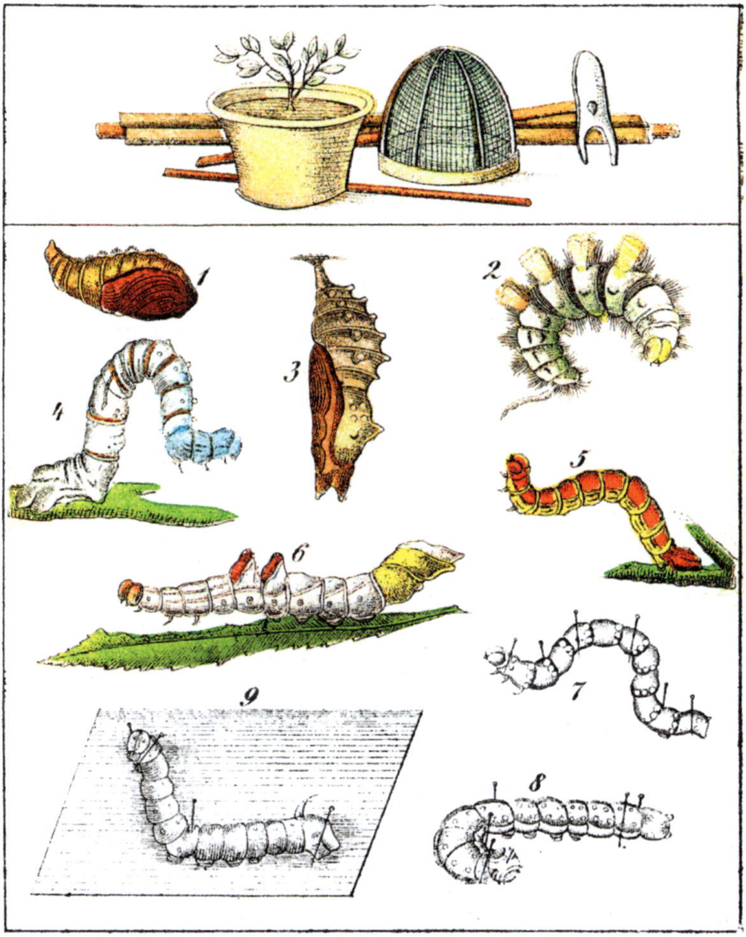

mehr oder weniger schwarz punktirt, besonders die Hinterflügel. Er fliegt im Juni und August. — Die Raupe ist dunkelgrün mit gelben Rücken- und Seitenstreifen; sie lebt auf der Goldruthe und dem Sauerampfer. Die Puppe ist braun und eiförmig, die Flügelscheiden dunkler.

Brombeerfalter. Lycaena Rubi.
(Grünling, grüner Schwalbenschwanz.)

Die Flügel sind braun und weiß besäumt, der Innenrand gezähnt. Er ist sehr häufig und fliegt im April und Mai. Die grüne Raupe hat einen weißen Rückenstreifen und dergl. Seitenpunkte; sie lebt auf der Brombeere und Esparsette u. a. Die Puppe ist braun mit hellen Stigmenpunkten und fast eirund.

Erdpavilion. Lycaena Phlaeas.
(Goldfalter, kleiner Feuerfalter.)

Die goldfarbigen Vorderflügel haben einen schwarzen Außenrand, die Hinterflügel sind schwarz und haben einen goldfarbigen Rand. Im rothen Felde finden sich größere und kleinere schwarze Flecken. Der Schmetterling ist häufig, er fliegt den ganzen Sommer hindurch. — Die Raupe ist grün und hat einen gelben Rückenstreifen; sie lebt auf dem Sauerampfer. Die Puppe ist bräunlich und fast eirund.

Steineichenfalter. Lycaena Ilicis.

Die Fülgel sind schwarzbraun, die Hinterflügel mit einem röthlichen Fleck gezeichnet. Er fliegt im Junius. Die Raupe ist grünlich, auf dem Rücken und an den Seiten gelb punktirt, sie lebt auf Eichen.

Viereichenfalter. Lycaena Quercus.
(Eichenschillerchen.)

Die Flügel schillern schön schwarzblau, die Vorderflügel haben einen hellblauen Fleck. Der Schmetterling ist häufig und fliegt im Junius und Julius. — Die braune Raupe, fein behaart, hat gelbe Flecken an den Seiten und einen schwarzen Streifen auf dem Rücken. Die Puppe ist braun, gerundet und punktirt.

Weißbirkenfalter. Lycaena Betulae.
(Nierenfleck, Donnerkeil.)

Die Flügel sind schwarzbraun, die Vorderflügel haben einen rothgelben Fleck, die Hinterflügel deren mehrere kleinere. Er fliegt im Julius und August. Die Raupe ist grün und hat gelbe Rücken- und Seitenstreifen, sie lebt auf Birken, Pflaumenbäumen und Schlehen. — Die Puppe ist braun und fast rund.

Pflaumenfalter. Lycaena Pruni.
(Schlehenschmetterling.)

Die Flügel sind schwarzbraun und haben braungelbe Flecken. Der Schmetterling findet sich allenthalben in Deutschland und fliegt den ganzen Sommer hindurch. Die Raupe ist blaßgrün und weißlich gestreift, sie lebt auf Schlehen und Pflaumenbäumen. Die Puppe ist dunkelbraun und weiß gefleckt.

Adonisfalter. Lycaena Adonis.
(Argusfalter, Himmelsvögelchen.)

Die Flügel sind glänzend himmelblau und haben einen schwarzbraunen Saum, auch die untere Seite der Flügel sieht sehr schön aus. Er fliegt vom Julius bis zum September. Die Raupe ist grünlich mit dunkeln Rückenstreifen, und hat gelbe Punkte an den Seiten. Sie lebt auf Klee und Ginster. Die Puppe ist schmutziggrün und rund.

Ginsterfalter. Lycaena Argus.
(Silberauge.)

Die Flügel sind dunkelblau mit schwarzem Außenrande und weiß besäumt. Die Vorderflügel haben ein rothgelbes Querband und die Hinterflügel silberglänzende Augen am Rande. Er fliegt den ganzen Sommer. — Die Raupe ist grün mit dunkelrothem und weißen Querstreifen auf dem Rücken und dergl. Streifen an den Seiten; sie lebt auf Ginster und Klee. Die Puppe ist bräunlich von Farbe.

Arionfalter. Lycaena Arion.
(Blaufalter.)

Die Flügel haben eine schöne blaue Farbe; die Vorderflügel dergl. Punkte, die Hinterflügel schwarze Punkte mit weißen Ringen. Der Schmetterling ist häufig und fliegt im Julius und August auf Waldwiesen.

Hauhechelfalter. Lycaena Alexis.

Dieser Schmetterling ist dem oben beschriebenen Adonisfalter sehr ähnlich, nur kleiner und hat nur einen einfarbigen Flügelsaum. Er ist häufig und fliegt den ganzen Sommer hindurch. — Die Raupe ist hellgrün und hat einen dunkeln Streifen auf dem Rücken. — Die Puppe ist dunkelbraun und fast rund.

Faulbaumfalter. Lycaena Argiolus.
(Ducatenvogel, Bläuling.)

Die Flügel sind hellblau mit schwarzem Rand und weißem Saum. Er fliegt im Julius und August. Die Raupe ist grünlich mit dunklem Rückenstreifen; sie lebt auf dem Faulbaum. Die Puppe ist glatt und grünlich oder bräunlich von Farbe, je nachdem der in ihr befindliche Schmetterling dem Auskriechen nahe ist.

Geiskleefalter. Lycaena Aegon.

Das Männchen ist vom Weibchen sehr verschieden, ersteres hat dunkelblaue Flügel mit schwarzem Außenrande und weißem Saume, unterhalb aschfarbig mit vielen kleinen Augen und einer rothgelben Querbinde; letzterer hat braune Flügel mit einer rothgelben schwarzpunktirten Randbinde. Er ist ziemlich häufig und fliegt in der Mitte des Sommers; man findet ihn meistens auf Waldwiesen. — Die Raupe ist schöngelb, an den Seiten grünlich, auch die Puppe ist gelb.

Ferner gehören hierher:

Zumpenkrautfalter. Lycaena Battus.

Hahnenkopffalter. Lycaena Damon u. a.

2. Schwärmer. (Sphinges.)

A. Tag-Schwärmer. Zygaenae, Atychia, Sesia.

1) **Breitflügler.**

a) Gefleckte Breitflügler. Zygaenae.

Die Fühler sind groß und gewunden und enden sich spitz oder kolbig. Die Vorderflügel sind auf stahlfarbigem Grunde meist roth gefleckt, die Hinterflügel meist roth. Die Raupen sind kurz und dick, fast walzenförmig, fein behaart und reihenweise punktirt, gröber oder feiner; sie verwandeln sich in einem festen Gewebe, und der verhältnißmäßig breiten Flügel wegen hat die Puppe auch lange Flügelscheiden.

Quendelschwärmer. Zygaena Minos.

Der Körper ist schwarz, die Flügel dunkelbraun und mit drei rothen Streifen gezeichnet. Er fliegt den ganzen Sommer hindurch. — Die Raupe ist weißlich und hat zwei schwarze Punktreihen; sie lebt auf Ginster, Ehrenpreis, Klee ꝛc. — Die Puppe ist schmutziggelb.

Skabiosenschwärmer, (kleiner.) Zyg. Scabiosae.

Der Körper ist schwarz, die Flügel sind schwarzblau und haben drei rothe Flecken, die Hinterflügel sind roth. Er fliegt im Junius und Julius. — Die behaarte Raupe ist goldgelb und hat auf dem Rücken zwei schwarze Punktreihen; sie lebt auf Klee. — Die Puppe ist hellbraun, Rücken und Flügelscheiden dunkler.

Wickenschwärmer. Zyg. Meliloti.

Der Körper ist dunkelgrün, die Vorderflügel sind schwarzblau und roth gefleckt, die Hinterflügel rothgelb und schwarz besäumt. Er fliegt im Junius und Julius. — Die behaarte Raupe ist grün und hat auf dem Rücken und an den Seiten einen helleren Streifen; sie lebt auf dem Klee. — Die Puppe ist schmutziggelb, Rücken und Flügelscheiden dunkler.

Erdeichelschwärmer. Zyg. Filipendulae.
(Johannisvogel.)

Der Körper ist schwarz, die Vorderflügel dunkelgrün und roth gefleckt die Hinterflügel roth und schwarz besäumt. Er ist häufig und fliegt den ganzen Sommer hindurch. — Die behaarte Raupe ist hellgelb und auf dem Rücken zweireihig groß und an den Seiten einreihig klein schwarz gefleckt; sie lebt auf Ehrenpreis, Klee, Löwenzahn 2c. — Die Puppe ist schmutziggelb, Rücken und Flügelscheiden dunkler, fast schwarz. (Taf. II. 2.)

Sichelkleeschwärmer. Zyg. Ephialtes.
(Rothring.)

Der Körper ist dunkelgrün, mit einem rothen Ringe vor der Hinterleibsspitze, die Vorderflügel haben fünf rothe Flecken. Er fliegt im August. — Die Raupe ist gelb und hat zwei schwarze Punktreihen; sie lebt auf Ehrenpreis, Sichelklee 2c. — Die Puppe ist hellbraun.

Vogelfußschwärmer. Zyg. Fausta.
(Glücksvogel.)

Der Körper ist schwarz, am Halskragen und vor der Spitze zinnoberroth wie die Flügel, von denen die hintern schwarz gesäumt, die vordern am Hinterrande und in fünf gelb umsäumten Flecken schwarz sind. Er fliegt im August. — Die Raupe ist grün, roth und gelb gefleckt, auch hat sie weiße Seitenstreifen. Die Puppe ist blau, die Flügelscheiden hellfarbiger.

b) Ungefleckte Breitflügler. Atychiae.

Den Unterschied, welchen der Name andeutet, abgerechnet den vorigen gleich. Ihre Raupen heißen Schildraupen.

Schwarzdornschwärmer. Atychia Infausta.
(Trauerschwärmer.)

Die Flügel sind schwarz und haben nur am Rande einen schwachen rothen Streifen. Dieser Schmetterling ist nicht häufig und fliegt im Julius. — Die Raupe ist violet mit schwarzem Kopfe, und hat auf dem Rücken und an den Seiten einen gelblichen Streifen; sie lebt auf dem Schwarzdorn. — Die Puppe ist hellbraun und eirund, der Hinterleib gelb.

Sauerampferschwärmer. Atych. Statices.

Die Vorderflügel, sowie der Körper sind grünmetallisch, die Hinterflügel grau und weiß befranst. Er fliegt im Junius und Julius. — Die Raupe ist von der Rückenmitte schwarz, gelb und roth gestreift und über den Füßen ockerfarben;

sie lebt auf Sauerampfer. — Die Puppe ist hellgelb und in ein dichtes Gewebe eingehüllt. (Taf. II. 3.)

Schlehenschwärmer. Atych. Pruni.

Derselbe ist kleiner als der vorige, sein Körper ist blaugrün, die Vorderflügel dunkelbraun. Er fliegt im Julius. — Die Raupe ist behaart, rothgelb von Farbe und auf dem Rücken mit schwarzen Schilden bedeckt; sie lebt auf Schlehen und auf der Eiche. Die Puppe ist grau und in einem dichten Gewebe eingeschlossen.

Kugelblumenschwärmer. Atych. Globulariae.

Die ziemlich langen Fühler endigen in einer Spitze. Von den mehr abgerundeten Flügel sind die vorderen stahlblau schillernd und mit aschgrauen Fransen besetzt. Dieser Schwärmer ist nicht eben häufig. — Die schwarze Raupe ist auf dem Rücken und an den Seiten gelb gestreift, und auf ersterem befindet sich außerdem eine Reihe dreieckiger bläulichweißer Schildchen. Sie lebt auf der Kugelblume.

2. **Bartleibige Schwärmer.** Sphinges caudibarbes.

Die Fühler sind keulenförmig; der Sauger ist lang. Die nicht zu großen Flügel sind spitz gerundet. Die **Raupen** mit dem Namen Langleibraupen sind walzenförmig, glatt oder erhaben gepunktet, und meistens mit einem Horn auf dem vorletzten Ringe oder an dessen Stelle mit einem Spiegelfleck versehen. Die Verwandlung erfolgt in der Erde oder oberhalb unter zusammengesponnenen Blättern.

Sternkrautschwärmer. Macroglossa Stellatarum.
(Taubenschwanz.)

Der Körper und die Vorderflügel sind dunkelbraun, letztere bläulich angeflogen und haben zwei schwarze, schmale Binden, die Hinterflügel rothgelb und am Rande und nach Innen braun. Er fliegt den ganzen Sommer hindurch. Die Raupe ist schmutzig grün, (heller und dunkler) weiß punktirt, hat an den Seiten weiße Linien und am Schwanzende ein grünliches Horn; sie lebt auf dem Sternkraute und der Färberröthe. — Die Puppe ist länglich, gespitzt, und bräunlich von Farbe, heller und dunkler.

Skabiosenschwärmer. Macroglossa Fuciformis.
(Hummelschwärmer.)

Die Flügel sind durchsichtig und von mattgelber Farbe, und nur am Außenrande wie der Rücken gelblichbraungrün beschuppt. Er fliegt im Mai und Junius. — Die Raupe ist bläulich, mehr grünlich, hat zwei weiße roth punktirte Seitenstreifen und ein Horn auf dem Schwanzringe; sie lebt auf der Skabiose. — Die Puppe ist schmutziggelb, der Hinterleib dunkelbraun.

Nachtkerzenschwärmer. Macrogl. Oenotherae.
(Kleiner Oleander.)

Der Körper ist grünlich und am Ende mit Haarbüscheln besetzt, die Fühler haben eine weiße Spitze. Die ausgeschnittenen Vorderflügel haben eine dunkelgrüne Farbe, mit

Grau und Blau untermischt, so daß eine licht eingefaßte dunkle Mittelbinde deutlich hervortritt, und weiße Spitzen, die Hinterflügel sind gelblich. Er fliegt im Mai. — Die verhältnißmäßig sehr große Raupe ist grün, mit dunkelfarbigen Punkten und an Stelle des Hornes mit einem augenförmigen Fleck versehen; sie lebt auf Nachtkerze und Weideröschen. — Die Puppe ist rothbraun.

3. **Glasflügel-Schwärmer.** Sesiae.

Der Sauger ist lang und dünn, die Fühler sind spindelförmig und am Ende mit einem Schuppenbündel besetzt. Die Flügel sind lang und schmal, fast gar nicht bestäubt und deshalb durchsichtig. Diese Schmetterlinge fliegen am Tage, ihr Flug ist tanzend und hüpfend. Die feinbehaarten Raupen gleichen mehr den Würmern und leben bohrend in verschiedenen meist holzigen Gewächsen. Die langgestreckte Puppe hat am Hinterleibe starke Borstenkränze.

Es gehören hierher:

Hornissenfalter. Sesia Apiformis. (Pappelbaumschwärmer, Bienenschwärmer.)

Ameisenschwärmer. Sesia Formicaeformis.

Raubfliegenähnliche Schwärmer. Ses. Asiliformis und andere.

B. Dämmerungs-Schwärmer.

1. **Ringleibige Schwärmer.** Sphinges fasciatae.

Der Sauger ist meist stark und lang, der Leib spindelförmig, theils spitz und einfarbig, theils hell und dunkel querfleckig. Die Augen sind groß und die hintern der langgestreckten Flügel sind bandirt. Die Raupen haben einen glatten abgestumpften Kopf und heißen deshalb Stumpfkopfsraupen; sie verwandeln sich in der Erde.

Grüblingsschwärmer. Sphinx Atropos.

(Todtenkopf.)

Er ist der größte in Deutschland einheimische Schmetterling und mißt mit ausgebreiteten Flügeln über 4 Zoll in der Breite. Die Benennung „Todtenkopf" hat er von einer Zeichnung auf dem Rücken, welche einem Todtenkopf mit darunter liegenden Knochen entfernt ähnlich ist. Seine Farbe ist dunkelbraun mit Schwarz und Blau untermischt, Zeichnungen am Körper und den Vorderflügeln, so wie die Grundfarbe der Hinterflügel sind gelb. Er fliegt im August und September. — Die Raupe wird vier Zoll lang und ist mattgrün von Farbe, an den Seiten hat sie bläuliche Querstriche; sie lebt auf Kartoffelkraut, Krapp, Jasmin ꝛc. und verwandelt sich in der Erde. — Die Puppe ist glatt und schwarzbraun.

Windenschwärmer. Sph. Convolvuli.

(Windig.)

Er ist nur weniger kleiner als der Todtenkopf. Die Fühler sind lang, der Körper ist grau, der Hinterleib roth und schwarz geringelt. Die Flügel sind grau und heller und dunkler marmorirt, die Hinterflügel hellfarbiger als die Vorderflügel. Die Raupe ist schmutzig grün oder grau und hat an den Seiten gelbe Querstriche; sie lebt auf der Winde. — Die Puppe ist braun und glatt mit henkelartig abgebogener Saugerscheide.

Rainweidenschwärmer. Sph. Ligustri.

(Ligusterschwärmer.)

Der Leib, oberhalb mit dunklem Querstreifen, ist roth und schwarz geringelt, die Vorderflügel sind rothbraun mit hellerer Schattirung, die Hinterflügel haben eine schöne rothe Farbe und drei schwarze Binden. Er fliegt im Mai und Junius. — Die große Raupe ist hellgrün und hat an den Seiten lilafarbene Querstreifen und unter ihnen weiße und gelbe Punkte; sie lebt auf der Rainweide, Hollunder, Schneeballstrauch und dergleichen. — Die Puppe ist rothbraun mit hervortretender Saugerscheide. (Taf. II. 4 und III. 6.)

Fichtenschwärmer. Sph. Pinastri.

(Tannenpfeil.)

Der Körper ist grau und braun gestreift, der Hinterleib weißlich geringelt. Die Vorderflügel sind hellgrau und braun marmorirt, die Hinterflügel sind von dunklerer Färbung. — Die Raupe ist grün und hat an den Seiten zwei gelbe, auf dem Rücken einen dunklen Streifen, weiß eingefaßt; sie lebt auf Kiefern. — Die Puppe ist dunkelbraun.

2. **Halbringleibige Schwärmer.** Sph. semifasciatae.

Der Sauger ist schmal. Der Hinterleib ist schwarz und weiß geringelt und die schmalen und langen Vorderflügel sind platt gerandet, am Innenrande dagegen ausgeschnitten.

Wolfsmilchschwärmer. Sph. Euphorbiae.

Der Körper ist graugrün mit einem Anflug von Roth, derselbe ist überdies weiß eingeschnitten. Die Vorderflügel sind von der Farbe des Körpers und dunkel schattirt, die Hinterflügel rosenroth mit dunkler Einfassung. Er fliegt im Mai und Juni. — Die Raupe ist sehr schön, sie ist gelbgrün von Farbe und mit vielen schwarzen Punkten netzartig besetzt; auf dem Rücken hat sie einen hochrothen Streifen und an den Seiten ist sie rothgefleckt. Sie lebt auf der Wolfsmilch. — Die Puppe ist braun und liegt auf der Erde unter Blättern. (Siehe Tafel VI. Fig. 2.)

Waldstrohschwärmer. Sph. Galii.

Der Körper ist dunkelgrün, weiß gestreift und schwarzweiß gefleckt. Die Vorderflügel sind dunkelgrün mit grauem Rande und gelblich bandirt, die Hinterflügel sind noch dunkelfarbiger und rothgelb bandirt und gefleckt. Er fliegt im Mai und Junius. — Die Raupe ist grün mit weißem Rücken- und gelben Seitenstreifen, dabei noch gelb gefleckt, sie lebt auf Krapp und Waldstroh. — Die Puppe ist rothbraun und wird später dunkler.

Frauenstrohschwärmer. Sph. Lineata.

Die Vorderflügel sind olivenbraun, weiß geadert und graublau schattirt, und mit einer gelblichen Binde versehen. Die Hinterflügel sind schwarz und haben eine breite rosenrothe Binde, am Innenwinkel mit einem weißen Fleck. Kopf, Rücken und Hinterleib sind olivenbraun, der Rumpf am Kopfe und an den Seiten weiß, der Hinterleib in zwei Reihen schwarz gefleckt. Dieser Schwärmer fliegt im Mai und Junius und ist selten. — Die Raupe ist hellgrün, gelb punktirt und auf dem Rücken roth gestreift, doch hat sie auch andere Färbungen, je nachdem sie sich weniger oder öfter gehäutet hat. Sie lebt auf dem Weinstocke und dem Haidekraute. — Die Puppe ist hellbraun von Farbe mit dunkleren Flügelscheiden.

3. **Spitzleibige Schwärmer.** Sphinges caudacutae.

Der Leib endigt in einer Spitze, der Sauger ist nur mäßig lang, dagegen die Augen groß. Die länglichen Flügel sind am Außen= und Innenrande etwas geschweift. Die Raupen haben hinter ihrem runden Kopfe, den sie unter dem nächsten Ringe verbergen können, mehrere Augenflecken und heißen deshalb Augenraupen. Sie verwandeln sich unter zusammengesponnenen Blättern.

Großer Weinschwärmer. Sph. Celerio.
(Phönix.)

Der Körper ist blaugrau an den Seiten fast braun, der

Hinterleib weißgestreift und weißeingeschnitten. Die Vorderflügel sind braun, heller schattirt, und weiß gerandet, die Hinterflügel sind dunkelbraun an der Wurzel und am Rande roth. Die Raupe ist braun mit gelben Streifen und schwarzen Punkten an der Seite; sie lebt auf dem Weinstock. Die Puppe ist rothbraun.

Gemeiner Weinschwärmer. Sph. Elpenor.

Dem vorigen sehr ähnlich, nur etwas heller in den Farben. — Die Raupe ist entweder grün oder braun, lebt auch auf dem Weinstock, aber auch auf andern Gewächsen, dem Weiderich und dergl. — Die Puppe ist gelbbraun.

Kleiner Weinschwärmer. Sph. Porcellus.
(Labkrautschwärmer, Ferkelchen.)

Dem vorigen sehr ähnlich, nur von noch etwas helleren Farben. Er ist häufig und fliegt im Mai und Junius. Die Raupe ist ebenfalls der des vorigen Schmetterlings sehr ähnlich, nur fehlt ihr das Horn.

C. Nachtschwärmer. Sph. nocturnae.

Die Fühler sind eckig und sägenförmig gezähnt. Der Kopf ist klein, der Sauger kurz und gespalten. Die Flügel sind ziemlich breit, verschiedenartig ausgeschnitten und bisweilen gezähnt. Es giebt einige ausgezeichnet schöne Arten unter dieser Schmetterlingsgattung. Die Raupen sind unbehaart; an den Seiten sind sie mit schrägen Stri=

chen und auf dem vorletzten Ringe mit einem Horne versehen. Sie verwandeln sich in der Erde.

Weidenschwärmer. Sph. Ocellata.

(Abendpfauenauge, Schnorrbock.)

Der Körper so wie die Vorderflügel sind röthlich grau und heller und dunkler schattirt, die Hinterflügel sind rosenfarbig und haben ein blaues, schwarz eingefaßtes Auge. Dieser stattliche Schwärmer ist nicht selten und fliegt im Mai und Junius. — Die Raupe ist grün und weiß punktirt, auch an den Seiten weiß gestrichelt; sie lebt auf Weiden, Pappeln, Espen ꝛc. und verwandelt sich in der Erde. — Die Puppe ist dunkelbraun. (Taf. II. 1.)

Pappelschwärmer. Sph. Populi.

(Zahnflügel.)

Körper und Vorderflügel sind grau mit heller und dunklerer Schattirung, beide sind geschweift und ausgezackt. Die Hinterflügel sind ebenfalls grau, haben eine rothgelbe Schattirung; in der Färbung variirt dieser Schwärmer sehr. Er ist nicht selten und fliegt im Mai und Junius. — Die Raupe ist von der des Weidenschwärmers fast nicht zu unterscheiden, auch lebt sie auf den nämlichen Bäumen.

Eichenschwärmer. Sph. Quercus.

Die Grundfarbe des Körpers sowohl als der Flügel

Taf. V.

ist rothgelb, heller und dunkelfarbiger, besonders die Hinterflügel, schattirt, der Hinterleib ist geringelt. Dieser Schwärmer, der größte unter seinen Verwandten, ist selten und fliegt für Deutschland nur um Wien und südlicher, im Mai und Junius. — Die Raupe ist der des Weidenschwärmers sehr ähnlich; sie lebt auf Eichen und verwandelt sich in der Erde. Die Puppe ist rothbraun.

Lindenschwärmer. Sph. Tiliae.

Der Körper ist grünlich, heller und dunkler, der Hinterleib dunkelfarbig geringelt. Die Vorderflügel sind rothgelb und grünlich und bräunlich schattirt, mit dunkler Kante, die Hinterflügel sind holzfarben und vermischt schwarz bandirt. Er ist häufig und fliegt im Mai und Junius, man fängt ihn am leichtesten, wenn er des Tages über in Ruhe an Baumstämmen und dergl. sitzt. — Die Raupe ist grün, mit rothgelben Seitenstreifen und gehörnt; sie lebt auf Linden, Birken, Erlen 2c. — Die Puppe ist dunkelbraun. (Taf. V. 2.)

---

3. Nachtfalter. (Phalaenae.)

Die Fühler sind faden= oder borstenförmig, auch kammförmig. Die übrigen Erscheinungen dieser Schmetterlinge sind höchst mannichfaltig: theils tragen sie die Flügel in der Ruhe niedergebogen, theils um den Leib geschlagen oder flach ausgebreitet. Der Größe nach sind sie ungemein verschieden. Sie fliegen nur des Nachts. Im Ganzen genommen stehen sie den Tagefaltern an Schönheit nach, doch giebt es auch einige sehr hübsche Arten. Die **Raupen**, in Gestalt und Größe ebenfalls sehr verschieden, sind behaart oder nackt und verwandeln sich im letzteren Falle gewöhnlich in der Erde.

Man theilt sie ein in Eulen, Spinner, Glucken, Spanner, Blattwickler, Zünsler, Motten, Federmotten, die jede wieder in mehrere Unterabtheilungen zerfallen. Für unsern Zweck genügt folgende Eintheilung:

1. **Die Eulen.** Noctuae.

Die Fühler sind borstenförmig, der Sauger lang. Der Hinterleib endigt in einer Spitze und der Rücken ist mit glatten Schuppen oder aufgerichteten Kämmen besetzt. Man unterscheidet Eulen mit bandirten Flügeln und Eulen mit unbandirten Flügeln.

a) Eulen mit bandirten Flügeln.

Nachtgeist. Noct. Maura.

(Schwarzes Ordensband.)

Die Grundfarbe des ganzen Schmetterlings ist dunkles Braun, die Flügel sind schwarz bandirt: er fliegt im Julius und August. — Die **Raupe** ist dunkelfarbig, mit weißer Rückenlinie und weiß geringelt; sie lebt auf der Saudistel. —

Die kolbige, mit zwei Endspitzen versehene Puppe ist röthlich und bläulich geringelt.

Escheneule. Noct. Fraxini.
(Blaues Ordensband.)

Die Grundfarbe ist grau, heller und dunkler schattirt, die Hinterflügel sind schwarz mit hellblauem Saume und solcher Mittelbinde. Sie ist der größte Schmetterling dieser Gattung, aber nicht selten, und fliegt im August. — Die Raupe ist grau, und schwarz punktirt; sie lebt auf Pappeln, Eschen, Eichen ꝛc. und verwandelt sich über der Erde. Die Puppe hat eine schlanke Form, ist röthlichbraun, mit blauem Duft überzogen.

Bachweideneule. Noct. Nupta.
(Rothes Ordensband.)

Die Grundfarbe des Körpers und der Vorderflügel ist grau, dunkler und heller schattirt, die Hinterflügel sind schön karminfarbig und zweimal schwarz bandirt. — Die Raupe ist dunkelgrau mit gelben und dunklen Flecken besetzt, sie lebt auf Weiden und Pappeln und verwandelt sich über der Erde. (Siehe Tafel II. 5.)

Pflaumeneule. Noct. Paranympha.
(Gelbes Ordensband.)

Die Hinterflügel sind hochgelb und zweimal schwarz bandirt, die Vorderflügel bindenartig grau und braun marmorirt. Sie ist selten und fliegt im Julius und August.

— Die Raupe ist braun mit rothgelben Warzen besetzt und lebt auf Pflaumen- und Schlehenbäumen.

Rotheicheneule. Noct. Sponsa.

Die Grundfarbe ist braun mit dunklerer und hellerer Schattirung, die Hinterflügel sind schön roth, zweimal schwarz bandirt und weißscheckig befranst. Die Raupe ist aschgrau, mit braunen, behaarten Warzen besetzt; sie lebt auf Eichen. — Die Puppe ist rothgelb mit bläulichem Anflug.

Flechtenweideneule. Noct. Typica.
(Netzvogel.)

Die Grundfarbe des ganzen Schmetterlings ist braun mit zarten grauen und röthlichen Zeichnungen, besonders auch Rippen. Der Hinterleib ist grau, auch die Hinterflügel fallen mehr ins Graue, am Rande dunkler. Die netzförmigen Linien, womit die befransten Flügel überzogen sind, sind hellfarbig. Die Eule ist ziemlich häufig und in ganz Deutschland heimisch. — Die graue Raupe hat an jeder Seite zwei weiße und einen rothen Streifen und lebt auf Wollkraut, Nessel 2c. Die Puppe ist rothbraun.

Birkeneule. Brephos Parthenias.
(Märzvogel.)

Der Körper ist dunkelfarbig, fast schwarz, die Vorderflügel grau und braun schattirt, die Hinterflügel goldgelb, schwarz bandirt und gefleckt. Sie fliegt schon im März und April und ist ziemlich häufig. — Die Raupe ist grün und gelb gestreift; sie lebt auf Birken, Buchen rc. und verwandelt sich unter der Rinde dieser Bäume. Die Puppe ist höckerig und rothbraun von Farbe.

Kardendisteleule. Noct. Dipsacea.

(Kardenvogel.)

Der Körper ist schmutziggelb, ebenso die Flügel, von denen die Vorderflügel braun bandirt, die Hinterflügel mit schwarzem Hinterrande und schwarzer Wurzel versehen sind. Sie ist nicht selten und fliegt im Julius und August. — Die Raupe ist grün und weiß gestreift und lebt auf Disteln, Cichorien und ähnlichen Pflanzen. — Die Puppe ist dunkelbraun mit bläulichem Anflug.

Haidelbeereule. Noct Myrtilli.

(Sumpfhaideneule.)

Der Körper ist dunkelfarbig, der Hinterleib schwarz und gelb geringelt, die Vorderflügel rothbraun mit dunkler und hellerer Schattirung, die Hinterflügel sind schwarz mit großem gelbem Mittelflecke. Sie fliegt im April und Mai. — Die Raupe ist grün mit stumpfen Spitzen besetzt, sie lebt auf Haidelbeeren, Haidekraut rc. Die Puppe ist dunkelbraun.

Wegebreiteule. Noct. Luctuosa.

(Trauereule.)

Die Grundfarbe des Schmetterlings ist dunkelbraun, auf den Vorderflügeln durch graue Schattirung, auf dem Körper durch röthliche Behaarung gemildert. Ein großer Fleck am Vorderrande der Vorderflügel und eine Binde mitten durch die hinteren sind rein weiß. Die Raupe dieses nicht seltenen Schmetterlings ist hellbraun, hat 5 hellere, gleich abstehende Längslinien und Wärzchen und lebt auf Ackerwinde u. a. Kräutern.

Schlüsselblumeneule. Noct. Fimbria.
(Saumfleck.)

Der Körper ist grünlich, die Vorderflügel sind braungrün und weißlich bandirt, die Hinterflügel sind schön rothgelb und am Rande breit schwarz bandirt. Sie ist häufig und fliegt im Junius und Julius. — Die graue Raupe, auf dem Rücken und an den Seiten gestreift, lebt auf Schlüsselblumen, Kartoffeln und ähnlichen Pflanzen. Die Puppe ist hellbraun.

Sauerampfereule. Noct. Pronuba.
(Erdfahl, Hausmutter, Läufer.)

Die Grundfarbe des Körpers und der Vorderflügel ist grau, in braun übergehend, die Hinterflügel sind gelb und am Rande schwarz bandirt. Sie ist häufig und zeigt sich im Junius und Julius. Die Raupe ist gelbgrau und schwarz und gelbgestreift; sie lebt auf Sauerampfer, Levkojen, Kohl und andern Gartengewächsen. Die Puppe ist rothbraun.

Hartriegeleule. Noct Ligustri.
(Kleiner Todtenkopf.)

Der Körper ist grauscheckig, der Hinterleib heller, die

Farbe der Vorderflügel ist dunkler und geht mehr ins Braune über; die Hinterflügel sind hellgrau. Auf dem Rücken steht eine blaugraue, todtenkopfähnliche Zeichnung. Die Raupe ist gelblichgrün, schwarz behaart und weißlich gestreift. Die Puppe ist rothbraun.

Schleheneule. Noct. Psi

(Große Pfeilmotte,. Ψ.)

Die Farbe des ganzen Schmetterlings ist grau mit abstufender Schattirung; die Vorderflügel sind etwas dunkler und haben eine schwarze, dem liegenden griechischen Ψ (Psi) ähnliche Zeichnung. Sie ist nicht selten und fliegt den ganzen Sommer hindurch. Die Raupe ist behaart und gelb, roth und schwarz gezeichnet und trägt vorn einen hohen Fleischzapfen auf dem Rücken; sie ist auf Linden, Weiden, Obstbäumen 2c. zu finden. Die Puppe ist braun und hat an der untern Spitze einige Haare.

b) Eulen mit unbandirten Flügeln.

Weideneule. Noct. Megacephala.

(Großkopf.)

Die Grundfarbe des ganzen Schmetterlings ist grau mit hellerer und dunklerer Schattirung, der Rücken mit braungrauer Wolle besetzt. Sie ist häufig und den ganzen Sommer hindurch zu fangen. Die Raupe ist ziemlich bunt gelb und schwarz gefleckt und lebt auf Pappeln, Weiden 2c. Die Puppe ist rothbraun.

Eicheneule. Noct. Orion.

Körper und Vorderflügel sind grünlich, letztere heller von Farbe mit drei schwarzen, sehr zerrissenen, weiß gefaßten Querbinden. Die Hinterflügel sind grau. Sie erscheint im April und Mai. Die behaarte Raupe ist schwarz, hat röthliche Warzen und einige gelbe Rückenflecke; sie lebt auf Eichen und Birken. Die Puppe ist rothbraun.

Flechteneule. Noct. Glandifera.

Die Vorderflügel und der Körper sind grünlich, erstere mit weißer Schattirung, die Hinterflügel sind grau mit weißlichen Randfleckchen. Der Schmetterling ist klein und nicht eben häufig. Die schwarz und gelb gefleckte Raupe lebt auf Moos und Flechten. Die Puppe ist braun.

Kirscheneule. Noct. Flavicincta.

Körper und Vorderflügel sind gelb mit grauer Schattirung, die Hinterflügel sind in derselben Art dunkler gefärbt mit schwach zu erkennender Binde. Der Schmetterling ist stellenweise nicht selten und während des ganzen Sommers zu fangen. Die Raupe ist grün und hat einen dunkeln Rücken und helle Seitenstreifen; sie lebt auf Stachelbeeren, Ampfer, Weiden rc. Die Puppe ist dunkelbraun.

Weißgrüne Eule. Noct. Virens.
(Weißer Mond.)

Die Grundfarbe des ganzen Schmetterlings ist grün, die Vorderflügel dunkler mit weißen Mondfleckchen, die

Hinterflügel heller, fast weiß. Sie fliegt im Julius und August. — Die Raupe ist schmutzig grün und lebt auf dem Spitzwegerich, Hühnerdarm 2c. Die Puppeist dunkelbraun.

Kerzenkrauteule. Noct. Nebulosa.
(Nebelmotte.)

Die Grundfarbe des ganzen Schmetterlings ist grau mit bräunlicher und schwarzer Schattirung. Er fliegt im Mai und Junius. — Die Raupe ist hellbraun und fein weißlich gestreift und nährt sich von Blättern des Wollkrautes 2c. Die Puppe ist hellbraun.

Rainfarneule. Noct. (Cucullia) Tanaceti.

Die gestreckte Eule hat einen kapuzenförmigen Halskragen und durchaus weißgraue Färbung, nur die stumpf zugespitzten Vorderflügel sind faserartig braun schattirt. Sie fliegt im Julius und August. — Die Raupe ist ebenfalls grünlich und schwarz punktirt und gestreift, sie lebt auf Rainfarn, Kamillen, Beifuß 2c. Die Puppe ist gelbbraun.

Braunwurzeule. Noct. (Cucullia) Scrophulariae.

Ebenfalls von Körperbildung der vorigen und mehr braungrauer Grundfarbe, die Vorderflügel schwach gezähnt, am Außen- und Innenrande splitterartig schwarzbraun, die Hinterflügel nur am Hinterrande und verwischter. Sie erscheint im Mai und Junius. Die grünliche Raupe hat gelbe Flecken und ist schwarz punktirt. Die Puppe ist hellbraun.

Wollkrauteule. Noct. (Cucullia) Verbasci.

(Brauner Mönch.)

Der vorigen sehr ähnlich, Kopf und Vorderleib schmutzig weiß, der Hinterleib rothgelb. Die Vorderflügel braun, in der Mitte gelblich, die Hinterflügel dunkelbraun. Sie fliegt im Mai und Junius und kommt allenthalben in Deutschland vor. — Die weißliche Raupe mit schwarzem Kopfe und auf den Ringen gelb und schwarz punktirt, lebt auf dem Färbewollkraut, der Königskerze und ähnlichen Pflanzen. Zur Verwandlung bereitet sie sich eine erdige Hülse wie alle diese Kapuzeneulen.

Beifußeule. Noct. Cucullia Artemisiae.

(Silbermönch.)

Dieser sehr schöne Nachtfalter ist nicht sehr häufig. Körper und Vorderflügel sind grünlich, letztere ziemlich hellfarbig mit silberfarbigen Flecken, die Hinterflügel sind am Hinterrande bindenartig getrübt. Die Raupe mit feinen Wärzchen ist grün und dunkelroth gefleckt, sie lebt auf dem Beifuß. Die dicke Puppe ist grün am Obertheile, am Untertheile braun.

Rittersporneule. Noct. Delphinii.

Dieser Falter ist eine unserer schönsten Eulen: der Körper ist gelblich mit schwacher Schattirung, die Vorderflügel sind purpurroth und gelb besäumt, die Hinterflügel lichtbraun, mit einem mattfarbigen Fleck in der Mitte. Sie fliegt im Mai und Junius. Die Raupe ist röthlichgrau, schwach behaart und auf dem Rücken und an den Seiten schön gelb gestreift; sie lebt auf Rittersporn. Die Puppe ist rothbraun, kurz nach der Verwandlung aber grünlich.

c) achatfarbige Eulen. Noct. achatinae.

Brombeereule. Noct. Lucipara.

(Purpurvogel.)

Der Körper ist bräunlich, der Hinterleib lichter von Farbe, die Vorderflügel haben eine schöne hochrothe Bonceaufarbe mit Abstufungen und einen leichten Ringfleck, die Hinterflügel sind dunkelbraun. Sie fliegt den ganzen Sommer hindurch. Die glatte, grüne Raupe lebt auf Brombeeren, Steinklee, Kamillen ꝛc. Die Puppe ist glänzend rothbraun und hat eine etwas gebogene Form.

Mangoldeule. Noct. Meticulosa.

Der Körper ist grünlich, die Vorderflügel schön bräunlich mit rothem Schimmer, ausgezeichnet durch einen dunkeln Fleck, welcher in V-Form die Mitte der Fläche einnimmt, durch einen vorn ausgefressenen Saum und schwache Längsfaltung in der Ruhelage; die Hinterflügel sind holzfarben, etwas dunkler auf den Rippen. Sie iststellenweiße nicht selten und fliegt im Mai und Junius. Die glatte Raupe ist grün mit weißen Rücken- und Seitenstreifen; sie lebt auf Mangold, Levkojen, Schlüsselblumen ꝛc. Die Puppe ist ziemlich spitz und glänzend rothbraun.

d) jaspisfarbige Eulen. Noct. jaspideae.

Kiefereule. Noct. Piniperda.

Die Grundfarbe des ganzen Schmetterlings ist roth mit gelblicher Mischung, die Vorderflügel haben gelbliche Querstreifen und zwei helle Flecke, einen großen nierenförmigen und kleinen ringförmigen, die Hinterflügel sind braun. Sie fliegt im Mai und Junius. Die Raupe ist grün, roth und gelb gestreift und unbehaart; sie lebt auf Kiefern. Die Puppe ist dunkelbraun.

Erbseneule. Noct. Pisi.

(Erbsenmotte.)

Die Grundfarbe ist grau mit gelblicher und mattröthlicher Schattirung, besonders auf den Vorderflügeln, diese haben auch eine hellere Zackenbinde am Außenrande. Die Raupe ist grünlich oder bräunlich und hellgelb gestreift; sie lebt auf Erbsen, Wicken, Bohnen rc. Die Puppe ist braun mit rothen Ringeln und dunkel punktirt.

Kohleule. Noct. Brassicae.

(Kohlmotte.)

Die Grundfarbe ist grau mit gelblicher und weißer Schattirung. Auf den Vorderflügeln befindet sich eine Zeichnung, welche einem liegenden W entfernt ähnlich sieht. Sie ist sehr häufig und erscheint im Mai und Junius. Die nackte Raupe ist grün mit gelben Streifen oder braun und zerbohrt die Kohlköpfe der verschiedenen Kohlarten. Die Puppe ist röthlich.

Futtergraseule. Noct. Graminis.

(Grasmotte.)

Die Grundfarbe ist graubraun, die Vorderflügel haben keine Querlinien, sondern 3 mehr oder weniger verschmolzene gelbe Flecken in der Mitte, die Hinterflügel sind röthlich gelb. Die Raupe ist bronze-bräunlich mit helleren Seiten- und Rückenstreifen, sie ist auf allen Grasarten und mitunter in großer Menge anzutreffen. Die Puppe ist glänzend schwarz.

Dotterweideneule. Noct. Libatrix.

(Kapuziner, Zackflügel.)

Kopf und Vorderleib sind feuerroth, der Hinterleib rothbraun. Die Vorderflügel sind stark ausgezackt und von rothgrauer Färbung, in der Mitte gelb gefleckt, am hintern Drittel von einer doppelten feinen und fast geraden, vorn winkelig gebrochenen weißen Querlinie durchzogen. Die Hinterflügel sind graubraun, an der Wurzel lichter. Dieser Schmetterling ist häufig und findet sich spät im Herbst an dunkeln, feuchten Orten. — Die Raupe ist grün mit zwei schwarz-weißen Längsstreifen und gelben Einschnitten oder Ringen. Sie lebt auf Weiden, Pappeln 2c. und verwandelt sich zwischen zusammengerollten Blättern. Die Puppe ist grün mit schwarzen Flügelscheiden, wird aber immer dunkelfarbiger, je mehr sie sich ihrer Verwandlung nähert.

e) Schwarz gezeichnete Eulen. Noctuae atrosignatae.

Waldstroheule. Noct. Aquilina.

Der Hinterleib ist aschgrau, der Vorderleib dunkelbraun. Die Vorderflügel hellbraun, fast gelblich, mit lichten Querstreifen und schwarz gestrichelt. Die Hinterflügel sind hellgrau, am Außenrande braun. Diese Phaläne ist nicht selten und fliegt im Julius. — Die Raupe ist braun, auf dem Rücken heller, und hat vier schwarze Punkte auf jedem Ringe; sie lebt auf dem Waldstroh. Die Puppe ist rothbraun und glänzend.

Nußbaumeule. Noct. Pyramidea.

(Pyramideneule. Flammenflügel.)

Der Körper ist roth mit grauer Schattirung, die Vorderflügel grau mit brauner Schattirung und drei hellfarbigen gelben Querlinien. Die Hinterflügel sind licht kupferfarbig. Die Phaläne ist häufig und fliegt im Julius und August. — Die Raupe ist grün mit weißlichen Längsstreifen und dergl. Punktirung, vor der letzten Häutung ist sie mehr gelb. Am Schwanzende hat sie einen pyramidenförmigen Höcker. Man findet sie auf Nußbäumen, Pappeln, Rüstern 2c., auch auf Sträuchern. Sie überwintert und verwandelt sich zwischen zusammengesponnenen Blättern. — Die Puppe ist dunkelbraun von Farbe.

Mandeleule. Noct. Instabiles.

(Chamäleon.)

Die Grundfarbe ist grau, ins Bläuliche übergehend,

mit bläulicher und röthlicher Schattirung; die Hinterflügel mit deutlichem Mittelfleck; sie kommt zeitig im Frühjahr zum Vorschein. Die Raupe ist grünlich mit gelblichen Seiten- und Rückenstreifen; sie lebt auf Linden, Eichen und Obstbäumen. Die Puppe ist rothbraun.

f) Gewässerte Eulen. Noct. undatae.

Ahorneule. Noct. Trapezina.

Die Grundfarbe ist röthlichgelb mit grauer Schattirung, die Hinterflügel sind mehr grau. Sie fliegt im Julius und August und ist ziemlich häufig. Die Raupe ist grünlich, und gelb und weiß gestreift; sie lebt auf Ahorn, Linden, Birken 2c. Die Puppe ist dunkelbraun.

Hagedorneule. Noct. Caeruleocephala.
(Blaukopf, Brillenvogel.)

Die Grundfarbe des ganzen Schmetterlings ist ein helles Grau mit bräunlicher Schattirung, letztere tritt auf den Vorderflügeln stärker hervor als auf den Hinterflügeln; jene zeigen zwei große helle Flecken in der Mitte, die bisweilen wie eine Brille aussehen. Das Männchen hat gekämmte Fühler. Sie ist sehr gemein und fliegt spät im Herbst. Die Raupe ist gelblichgrün, an den Seiten weißlich gestreift und hat kleine, behaarte, schwarze Warzen; sie lebt auf dem Weißdorn, Schlehenbäumen und wird auf Pflaumenbäumen oft schädlich. Die im Verhältniß zum Schmetterling kleine Puppe ist rothbraun.

g) Goldgelbe Eulen. Noct. aureolae.

Loheicheneule. Noct. Rufina.

(Rothflügel.)

Der Körper ist bräunlich, mehr ins Rothe fallend, die Vorderflügel grünlich mit sehr schwachen, etwas dunkleren Zeichnungen, die Hinterflügel gelbgrau. Der Schmetterling ist häufig und fliegt im Herbst. Die Raupe ist braun mit weißen Seitenstreifen und weißer Punktirung; sie lebt auf Eichen. Die Puppe ist rothbraun und hat Endspitzen.

Königskerzeneule. Noct. Flavago.

Der Körper ist bräunlich mit gelber Schattirung, die schachbrettartig eingetheilten Vorderflügel sind röthlich braun, die Hinterflügel sind gelb und haben in der Mitte einen dunklen Fleck. Sie zeigt sich sowohl im Frühjahr als Herbst. Die Raupe ist schmutzig weiß und mit schwarzen Warzen besetzt; sie lebt auf der Königskerze, der Klette und dergl. Die Puppe ist rothbraun und ziemlich lang.

h) Reiche Eulen, Plusien. Noctuae metallicae.

Nesseleule. Noct. Triplasia.

(Nesselmotte.)

Der Körper ist gelblich, die Vorderflügel braun mit schwarzer Marmorirung. Die Hinterflügel haben eine mehr graue Farbe. Sie ist nicht häufig und erscheint im Mai oder Junius. Die Raupen sind fein behaart, grün von Farbe und weiß gestreift; sie leben auf der Nessel. Die Puppen sind braun und eckig.

Zuckererbseneule. Noct. (Plusia) Gamma.
(Silbernes Ypsilon.)

Der Schmetterling ist grau von Farbe, heller und dunkler schattirt, und hat auf den Vorderflügeln ein dem y ähnliches Zeichen in Silberfarbe. Die Hinterflügel sind mehr bräunlich. Sie ist häufig und den ganzen Sommer hindurch anzutreffen. Die Raupe ist grün mit weißer Streifung und lebt auf den verschiedensten Unkräutern und angebauten Pflanzen, denen sie durch ihre Menge oft großen Schaden zufügt. Sie hat nur 12 Beine. Die Puppe ist schwarzbraun.

2. **Spinner.** Bombyces.

Der Sauger ist kurz. Die Fühler sind beim Männchen federförmig, beim Weibchen kammzähnig. Der Körper ist wollig und der Hinterleib nicht zugespitzt, sondern abgerundet. Viele haben hornartige Flügelfedern, mittelst welcher sie die Hinterflügel in Falten legen können. In der Regel ist der Mann kleiner als das Weibchen und nicht selten verschieden gefärbt. — Die Raupen sind fast sämmtlich behaart und theilweise unter dem Namen „Bärraupen" bekannt.

I. Spinner mit Flügelfeder,

oder solche, welche die Hinterflügel in Falten zu legen vermögen. Der Sauger ist kurz.

Meierkrautspinner. Bomb. Purpurea.
(Purpurbär.)

Der Körper ist hellgelb mit röthlicher Beimischung, die=

selbe Farbe haben die Vorderflügel mit schwarzer Punktirung, die Hinterflügel sind scharlachroth, schwarzgefleckt und gelb befranst. Er ist häufig, man trifft ihn im Mai und Junius. Die behaarte warzige Raupe ist schmutziggelb, mit hellgelbem Rücken- und dergl. Seitenstreifen; sie lebt auf Stachelbeeren, Ginster, Labkraut 2c. Die Puppe ist schwarzbraun.

Schwingelspinner. Bomb. Grammica.

(Streifling.)

Die gestreckten Vorderflügel sind gelb, beim Weibchen lichter und auf den Rippen sehr verwischt dunkler, beim Männchen auf den Rippen schwarz, die beiden Hinterflügel gelb, am Vorder- und Hinterrande schwarz, an jenem hängt ein schwarzer Mondfleck. Er fliegt im Julius und August. Die behaarte schwarzbraune Raupe mit rothem Rücken- und weißen Seitenstreifen hat mit der vorigen gemeinsame Nahrung. Die Puppe ist rothbraun.

Nesselspinner. Bomb. Caja.

(Bärvogel, brauner Bär.)

Ein sehr schöner Schmetterling. Vorderleib und Vorderflügel sind schön rothbraun, letztere weißlich bandirt und gefleckt, Hinterleib und Hinterflügel sind schön roth, gelb besäumt und schwarzblau gefleckt. Er fliegt im Junius und Julius und ist nicht selten. Die Raupe ist schwarz, am Kopfe braun, warzig und dicht behaart; sie lebt auf den verschiedensten Kräutern und Heckengesträuch. Die Puppe ist stumpf und schwarz. (Siehe Tafel III. 1.)

Beifußspinner. Bomb. Matronula.
(Augsburger Bär.)

Der größte und einer der seltensten Bären. Vorderflügel und Brustrücken sind dunkelbraun, jene gelb gefleckt, dieser zinnoberroth gezeichnet, die Hinterflügel sind gelb, schwarz gefleckt, der Hinterleib zinnoberroth mit einer Reihe schwarzer Flecken. Die Raupe ist der vorigen sehr ähnlich, sie lebt auf niedern Gartengewächsen. Die Puppe ist schwarz.

Folgende Spinner sind den eben beschriebenen im Wesentlichen sehr ähnlich, weshalb sie auch im gewöhnlichen Leben fast alle den Namen „Bär" führen.

Spinatspinner, Bomb. Villica,
(Bärmotte, schwarzer Bär)
mit rothgelben schwarzgefleckten Hinter-, schwarzen weißgefleckten Vorderflügeln;

Tausendblattspinner, Bomb. Aulica.
mit gelben schwarzbandirten Hinterflügeln;

Garbenspinner, Bomb. Hebe,
(Wittwe)
mit schwarzem und hochrothem Hinterleibe und hochrothen schwarzbandirten Hinterflügeln, die Raupe lebt auf der Schafgarbe;

Wegerichspinner, Bomb. Plantaginis,
(kleiner Bär)
mit gelben schwarzgefleckten Hinter- und schwarzen gelbgeschlängelten Vorderflügeln;

Hundszungenspinner, Bomb. Dominula,
(rother Bär, Specht)
mit carminrothen, dunkelblaugefleckten Hinter- und schwarzgrünen, weiß- und gelb gefleckten Vorderflügeln;

Hollunderspinner, Bomb Lubricipeda,
mit gelblichen, klein schwarzfleckigen Vorder- und Hinterflügeln, und der

Löwenzahnspinner, Bomb. Russula,
(Strohbändchen)
mit röthlichgelben Vorder- und etwas leichteren Hinterflügeln, welche alle 4 je einen dunklen Mittelfleck, letztere außerdem eine verwischt dunklere Binde vor dem Saume haben. Ferner:

Hopfenspinner. Bomb. Humuli.

Der Körper ist grau, die langen, zugespitzten Flügel silberweiß beim Männchen, die vordern lehmgelb und ziegelroth gefleckt, die hintern grau beim Weibchen. Er fliegt im Frühjahr. Die Raupe ist gelblich, schwarzfleckig und behaart; sie lebt von der Hopfenwurzel und anderen Wurzeln. Die Puppe ist dunkelbraun.

Baumflechtenspinner. Bomb. (Lithosia) Irrorea.
(Pomeranzenmotte.)

Die Vorderflügel sind hellgelb und schwarz punktirt, die breiten Hinterflügel sind noch heller von Farbe. Er ist häufig und fliegt im Sommer. Die Raupe ist schwarz mit gelben Flecken; sie lebt auf der Steinflechte. Die Puppe ist rothbraun. Dieser Schmetterling ist klein, und gehören der Größe und Körperbildung nach noch zu dieser Gattung: der

Moosspinner, Bomb. (Lithosia) Mundana,
(Glasmotte)

mit fast durchsichtigen, weißlichen Flügeln, der

Pflaumenflechtenspinner, Bomb. (Lithosia) Quadra,
(Stahlmotte)

mit gelben, blaufarbig verlaufenden Vorderflügeln und gelben Hinterflügeln mit blauen Flecken, und einige andere.

Weidenspinner. Bomb. Salicis.

Die Flügel sind weiß glänzend, die Beine schwarz geringelt. Er ist häufig und fliegt im Juli hindurch. Die haarige Raupe ist braungrau, auf dem Rücken gelb und roth gefleckt; sie lebt auf der Weide und Pappel. Die Puppe ist glänzend schwarz. Ihm verwandt sind der

Aprikosenspinner, Bomb. Dispar,
(Schwammspinner, Dickkopf)

dessen dickleibiges, plumpes Weibchen schmutzig weiße,

schwarzgezackte Vorderflügel hat, das viel kleinere Männchen dunkelbraun aussieht und auf den Flügeln ungefähr dieselben Zeichnungen, wie das Weibchen hat.

Weißdornspinner, Bomb. Chrysorrhoea,

von atlasweißer Farbe mit goldig brauner Hinterleibsspitze.

Schlehenspinner. Bomb. Antiqua.

Die Vorderflügel des Männchens sind gelblichbraun mit zwei braunen Querstreifen und einem weißen Fleck am Innenwinkel, die Hinterflügel gelb. Das Weibchen hat gar keine Flügel oder nur ganz unbedeutende Läppchen und erscheint wie ein voll Eier gepfropfter braungrauer kleiner Sack. (Taf. I. 3.) Er ist sehr häufig und fliegt gegen Ende des Sommers. Die behaarte Raupe ist schwarz und am Halse roth punktirt; sie lebt auf Obstbäumen. Die Puppe ist schwarzbraun.

Lindenspinner. Bomb. Bucephala.

(Mondvogel.)

Der Körper ist gelblich, die Vorderflügel sind weißlichgrau und zickzackig braun und gestreift mit einer gelben, gerundeten Spitze, die Hinterflügel sind strohgelb. Er ist häufig und fliegt im Mai und Junius. Die Raupe ist schwarzbraun und gelb gegittert; sie lebt auf Birken, Linden ꝛc. Die Puppe, nach der Verwandlung grün, wird später dunkelbraun.

Kopfweidenspinner. Bomb. (Cossus) Ligniperda.
(Weidenbohrer.)

Der Körper ist grau, die Vorderflügel sind bräunlich mit dunkleren fein gitterförmigen Zeichnungen, unter denen einige als unvollkommene Querstreifen die größte Stärke erreichen, die Hinterflügel sind grau. Er ist häufig und erscheint im Junius und Julius. Die Raupe ist roth mit braunen Rückenschildern, sie lebt in den Stämmen der Weiden, Birken 2c. Die Puppe ist rothbraun und sehr dornenborstig.

II. Spinner ohne Flügelfeder,

oder solche, welche die Hinterflügel nicht in Falten zu legen vermögen. Sie unterscheiden sich wieder in breitflüglige und schmalflüglige Spinner, letztere auch unter dem Namen Glucken.

a) Breitflüglige Spinner.

Nußbaumspinner. Bomb. Tau.
(T-Spinner, Nagelfleck.)

Die Flügel sind rothgelb und haben sämmtlich in der Mitte ein Auge von violetter Färbung mit einem weißen Mittelpunkte, der an den Kopf eines Nagels erinnert. Die Raupe ist grün, an den Seiten roth punktirt und weiß gestreift; sie lebt auf dem Nußbaum, auf Buchen, Birken und dergl. Die Puppe ist schwarzgrau und mit Häkchen besetzt. Ihm ähnlich, nur von dunklerer, mehr brauner Farbe, ist der

Hagebuchenspinner. Bomb. Versicolora.

(Scheckenflügel.)

Hainbuchenspinner. Bomb. Carpini.

(Kleines Nachtpfauenauge.)

Er ist der schönste der äugigen Spinner. Die Grundfarbe ist graubraun, die des Körpers mehr gelblich. Die Vorderflügel sind rothbraun, die Hinterflügel gelb, jeder hat ein blaues, weißgeringeltes Auge, und alle sind schön dunkelbraunroth und weiß bandirt. Er fliegt im April und Mai. Die Raupe ist grün, schwarz geringelt und mit gelben Knöpfchen besetzt; sie lebt auf Hainbuchen, Schwarzdorn, Erlen 2c. Die kleine Puppe ist schwarzbraun. (Siehe Tafel III. 3. 4. 5.)

b) Glucken.

Frühbirnspinner. Bombyx (Gastropacha) Quercifolia.

(Kupferglucke, Eichenblatt.)

Die Flügel sind stark ausgezackt, sie selbst und der Körper kupferfarbig; die Fühler sind kurz und gefiedert. Die Vorderflügel haben einige querliegende Zackenstriche von stahlblauer Farbe. Dieser nicht seltene Nachtschmetterling fliegt im Julius und August und ist einer der größten seiner Gattung. — Die vier Zoll lange Raupe ist grau, behaart und mit vielen Punkten besetzt, am Kopfe hat sie zwei hellblaue Flecken (Spiegel) und am Schwanzende eine

Taf. VI.

hornförmige Erhöhung. Sie lebt auf Obstbäumen, besonders Pflaumen. — Die Puppe ist grau bestäubt.

Fichtenspinner. Bomb. (Gastropacha) Pini.

Der in der Färbung sehr veränderliche Schmetterling hat graue Vorderflügel mit einen dunkler eingefaßter rothen Binde hinter der Mitte, vor derselben mit weißem Punkte, oder dieselben sind vorherrschend schmutzig roth, fast ohne alles Grau, die Hinterflügel sind einfarbig graulich rothbraun, wie der Hinterleib. Die schöne Raupe ist mit denselben Farben verschieden gezeichnet, bisweilen reich silberfleckig und hat hinter dem Kopfe ebenfalls zwei Spiegelflecken, sie wird durch ihren Fraß den Kiefern oft sehr nachtheilig. Die Puppe ist rothbraun.

Processionsschwärmer. Bomb. Processionea.
(Viereichenspinner, Katzenkopf.)

Die Grundfarbe ist ein dunkles Braungrau, die Hinterflügel sind hellfarbiger. Die Raupe ist die bekannte giftige Processionsraupe. Die Puppe ist hellgelb und beiderseits stumpf.

Kirschenspinner. Bomb. Lanestris.
(Wollenträger.)

Der Körper ist dunkelroth, die Vorderflügel rothbraun mit gräulichem Anfluge und weiß gefleckt, die Hinterflügel sind hellfarbiger. Er zeigt sich im Frühjahr und Herbst. Die behaarte dunkelfarbige Raupe mit röthlichen Punkten lebt auf allen Obstbäumen. Die Puppe ist gelb und braunscheckig, sie ruht in einem Cocon, welches der auskriechende Schmetterling öffnet. (Siehe Tafel III. 2.)

Brombeerspinner. Bomb. Rubi.
(Himbeerblatt.)

Körper und Flügel sind rothbraun, die Vorderflügel sind von 2 geraden, weißlichen Binden durchzogen. Er ist sehr häufig und fliegt im Junius. Die dunkelbraune Raupe ist röthlich behaart; sie lebt auf der Brombeere. Die Puppe ist schwarzbraun. Diesem sehr ähnlich ist der

Eichenspinner, Bomb. Quercus.

und der

Weißbuchenspinner, Bomb. Neustria,

dieser letztere aber von blasser Farbe. (Ringelspinner.)

Bandweidenspinner. Bomb. (Harpyia) vinula.
(Großer Hermelin.)

Der ganze Körper des Schmetterlings ist mit weißlicher Wolle überzogen und schwach punktirt und gefleckt. Die wenig bestäubten Flügel haben die Grundfarbe des Körpers. Die Hinterflügel sind dunkler. Die Vorderflügel sind mit zackenförmigen Strichen und Punkten gezeichnet. Dieser Spinner ist häufig und zeigt sich schon im Mai. Seine Raupe, die sogenannte Gabelraupe, ist unbehaart und schön grün gefärbt, mit dunklem, hellfarbig umrandetem

Längsbande auf dem Rücken. Vor der ersten Häutung ist sie braun. Sie lebt auf Weiden und hat die Eigenthümlichkeit, daß sie, wenn sie beunruhigt wird, röthliche Fäden aus ihren zwei Schwanzspitzen hervorschießt. Die kleine Puppe ist glatt und braun. (Siehe Tafel III. 7.).

Zu der Klasse der Spinner gehören noch der Buchenspinner, von bräunlich grauer Farbe, Esspenspinner (weißer Hermelin), von weißer Farbe, Erlenspinner, rothbraun, das Zickzack (Bomb. Zickzack) von dem wir auf Taf. IV, 6 die Raupe, der Rothschwanz (Bomb. pudibunda) von dem wir auf Taf. IV. 1 u. 2 die Puppe abgebildet sehen, und manche andere.

3. **Spanner.** Geometrae.

Der Leib ist dünn und lang gestreckt, die Fühler sind fadenförmig, beim Männchen oft gekämmt. Die Flügel, bisweilen eckig und breit, sind fein bestäubt. Sie fliegen in der Dämmerung, doch auch schon bei Tage.

Man unterscheidet geradstreifige, weißstriemige, zackenflüglige, zackenstriemige, spinnerförmige, staubige, eckstreifige, einfarbige u. s. w. Spanner.

Buchenspanner. Geometra Papilionaria.

(Grünes Blatt.)

Der Vorderleib ist grün, wie auch die großen Flügel mit schwachen weißen Streifen, der Hinterleib ist weiß. Er ist nicht eben häufig. Die Raupe ist grün mit gelben Streifen und einem kegelförmigen Höcker auf dem 2., 5.—8. und letzten Gliede; sie lebt auf Buchen, Birken, dem Haselstrauch ꝛc. Die Puppe ist schmutziggrün.

Brombeerspanner. Geom. Viridata.
(Grünflügel.)

Dem vorigen sehr ähnlich, nur mehr gelb als grün. Er erscheint gegen den Herbst. Die Raupe, von röthlicher Farbe mit dunklem Streifen auf dem Rücken und je 2 Höckern auf Kopf und erstem Ringe, lebt auf Brombeeren, Weißdorn ꝛc. Die Puppe ist hellbraun.

Fichtenspanner. Geom. Piniaria.

Körper und Flügel sind braunroth, letztere, besonders die Vorderflügel, sind weißlich gestreift. Er ist im Mai bis Juni anzutreffen. Die Raupe ist grün, weiß und gelb gestreift; sie lebt auf Fichten, Kiefern ꝛc. Die Puppe ist grünbraun.

Hainbuchenspanner. Geom. Margaritaria.
von grünlicher Färbung, die Vorderflügel doppelt, die Hinterflügel einfach schwach röthlich gestreift. Er ist häufig und kommt schon im Frühjahr zum Vorschein. Die dunkelgrüne Raupe ist auf dem Rücken und an den Seiten weiß punktirt; sie lebt auf Buchen, Erlen ꝛc. Die Puppe ist röthlichbraun.

Fliederspanner. Geom. Syringaria.

Die Grundfarbe ist ein schönes Gelb mit schwacher röthlicher

Schattirung. Die ausgeschweiften Vorderflügel sind grün, gelb und violett gefleckt. Er ist selten und fliegt den ganzen Sommer hindurch. Die bräunliche Raupe hat mehrere Spitzen auf dem Rücken und lebt auf Flieder, Jelängerjelieber, Jasmin ꝛc. Die Puppe ist dunkelbraun.

Ampferspanner. Geom. Amataria.
(Rothes Band.)

Er ist grünlich von Farbe, dicht, aber fein grau bestäubt und über die Flügel schmal roth bandirt; auf den vordern geht die Binde von der scharfen Spitze gerade nach dem Innenrande, auf den geeckten Hinterflügeln läuft sie gleichfalls gerade vor die Mitte quer durch die Fläche. Er ist häufig und fliegt im Junius und Julius. Die Raupe ist braun und heller und dunkler gefleckt, im vierten Gliede auffällig verdickt. Die Puppe ist rothbraun.

Hollunderspanner. Geom. Sambucaria.
(Spitzschwanz.)

Er ist dem Fenchelfalter (Schwalbenschwanz) in Gestalt einigermaßen ähnlich, indem die Hinterflügel in ein kurzes nach auswärts gerichtetes Schwänzchen auslaufen; er ist durchaus strohgelb, sehr fein rostgelb gesprenkelt und wird auf den Vorderflügeln von 2, auf den Hinterflügeln von einer rostgelben feinen Querbinde durchzogen. Er fliegt im Mai und Junius. Die Raupe ist höckerig und braun von Farbe; sie lebt auf Hollunder, Weiden und Obstbäumen. Die Puppe ist gelblich und hat dunkle Flecken.

Erlenspanner. Geom. Alniaria.
(Brettspiel.)

Die Grundfarbe ist ein bräunliches Gelb mit dunklerer Schattirung; über die stark gezähnten Flügel ziehen mehr oder weniger deutlich Querbinden, 2 über die vordern, eine noch undeutlichere durch die hinteren, dort ist im Mittelfelde, welches sie einschließen, ein Ringfleckchen sichtbar. Er ist häufig und fliegt im Julius und August. Die bräunliche Raupe, mit 3 wulstigen Erhöhungen auf dem Rücken, lebt auf Birken, Erlen, Buchen 2c. Die kleine Puppe ist grünlich und blau geringelt.

Pflaumenspanner. Geom. Prunaria.

Die Grundfarbe ist orangegelb beim Männchen, ledergelb beim größern Weibchen, von den zahlreichen dunkeln Sprenkeln der Flügel vereinigen sich mehrere auf der Mitte eines jeden fleckenartig. Er ist stellenweise häufig und wird besonders im Julius und August angetroffen. Die graubraune Raupe lebt auf Pflaumen-, Schlehen- und andern Obstbäumen. Die Puppe ist schwarzbraun.

Geisblattspanner. Geom. Elinguaria.

Der Schmetterling ist blaßgelb von Farbe, die Vorderflügel mit dunkler eingefaßtem Mittelbande, in welchem ein Augenfleckchen steht. Er ist verbreitet, aber überall einzeln und fliegt im Julius. Die graue Raupe ist roth, gelb und braun gefleckt und lebt auf Geisblatt und Obstbäumen. Die Puppe ist dunkelbraun. (Tafel IV. 4.)

Kirschenspanner. Geom. Hirtaria.

Die Vorderflügel sind dünn beschuppt, dunkelgrau und noch dunkler gestreift, die Hinterflügel hellgrau, der Körper braun und wollig behaart. Er ist häufig und zeigt sich schon im Frühjahr. Die bräunliche Raupe ist röthlich gestreift und theilweise gelb gepunktet; sie lebt auf Kirsch- und andern Obstbäumen, auch auf Weiden 2c. Die Puppe ist behaart, kurz und dick, und dunkelbraun von Farbe.

Birkenspanner. Geom. Betularia.

(Birkenvogel.)

Der ganze Schmetterling ist weißgrau, dunkler schattirt und schwarz punktirt und gestreift, seine Vorderflügel erscheinen fast gleichseitig dreieckig. Er ist häufig und fliegt im Mai und Juni. Die Raupe ist bläulich, höckerig und gelb gefleckt; sie lebt auf Birken, Pappeln 2c. Die Puppe ist dick und schwarzbraun.

Johannisbeerspanner, Geom. Wawaria.

Weiß oder aschgrau, braun gesprenkelt, die bisweilen bläulichgrauen Vorderflügel mit 3 schwarzbraunen Flecken am Vorderrande, von denen der mittlere einen Winkelhaken bildet. Er fliegt im Juli und ist nicht gerade häufig. Die bläulichgrüne, schwarzwarzige Raupe lebt an Johannis- und Stachelbeerblättern und frißt sich auch in die Früchte des letzteren Strauches ein.

Lindenspanner. Geom. Defolaria.
(Sommersprosse, großer Frostspanner.)

Das Männchen hat gestreckte blaßgelbe, dunkler gesprenkelte Flügel, von denen die vordern von zwei unregelmäßigen dunkeln, rothen Querbinden durchzogen werden, welche ein helles Mittelfeld mit dunklem Punkte einschließen. Das Weibchen hat sehr unvollkommene kurze Flügelläppchen, ist gelb und schwarz gefleckt. Er fliegt im October. Die Raupe ist heller und dunkler braunroth mit breit schwefelgelber Seitenlinie und lebt auf fast allen Obstbäumen und den meisten Sträuchern. Die rothbraune Puppe läuft in einen Endstachel aus. (Taf. IV. 5.)

Silberpappelspanner. Geom. Pusaria.
(Braunes Band.)

Die Farbe des Schmetterlings ist ein glänzendes Weiß, die Flügel haben nur eine schwache, kaum bemerkbare mattgraue Schattirung, die vordern 3, die hintern 2 braungraue, gleichbreite Querlinien. Er ist häufig und wird im Mai und Junius angetroffen. — Die Raupe ist grün und endigt sich in zwei feinen Spitzen, auf dem Rücken ist sie roth gepunktet. Sie lebt auf Pappeln, Birken und Weiden ꝛc. Die Puppe ist abgestumpft und glänzend braun.

Stachelbeerspanner. Geom. Grossularia.
(Tiger, Harlekin.)

Der Körper ist theils schwarz, theils gelblich, die Flügel

sind weißlich und mit schwarzen und gelblichen Flecken besäet, letztere bilden auf den Vorderflügeln eine Binde. Er ist häufig; man findet ihn den ganzen Sommer hindurch vom Juli an. Die Raupe hat dieselbe Farbe wie der Schmetterling, eine weiße Grundfarbe in den Seiten orangegelbe, auf dem Rücken schwarze Flecken. Sie lebt auf dem Stachelbeer- und Johannisbeerstrauch in großer Menge. Die Puppe ist glänzend schwarz, am Hintertheile gelb geringelt.

Wolfsmilchspanner. Geom. Euphorbiae.

Der kleine Schmetterling ist grau, mit einem schwachen Anfluge von Roth. Er fliegt den ganzen Sommer hindurch. Die Raupe ist grün und schwarz und weiß punktirt und gestreift, sie lebt auf Wolfsmilch. Die Puppe ist dunkelbraun.

In die Familie der Spanner gehören noch der

Frühbirnspanner, Geom. Brumata.

(Frostschmetterling),

von graubrauner Färbung, der sich in den feuchten November- und Decemberabenden zeigt und dessen grüne Raupe den Obstbäumen stellenweise großen Schaden zufügt, indem sie die jungen Knospen zusammenspinnt und wegfrißt, so daß keine Frucht aufkommen kann; der

Hangebirkenspanner, Geom. Pendularia,

weißgrau von Farbe mit einem schwarzumzogenen Augenfleck inmitten jeden Flügels der

Baumflechtenspanner, Geom. Lichenaria,
(Moosmotte)

weißgrau mit bräunlichem Anflug, der

Eichenbuschspanner, Geom. Punctaria,

gelblich von Farbe, rothgesprenkelt und mit rothem Mittelstreifen durch die Flügel, von denen die hintern geeckt sind, der

Birkenbuschspanner, Geom. Hastata,

mit schwarzen, im Schwarz weiß durchzogenen und durch die Mitte breit weiß bandirten Flügeln, der

Johanniskrautspanner, Geom. Plagiata,

von blaugrauer Färbung mit schwacher rothbrauner Schattirung, welche auf den Vorderflügeln mehrere dreifach zusammengesetzte, geschlängelte Querbinden bildet, und noch viele Andere.

4) **Blattwickler.** Tortrices.

In der Ruhe halten sie die Flügel dachig zusammengebogen, die Fühler sind fadenförmig. Sie zählen zu den kleinsten Schmetterlingen, ebenso ihre Raupen, die in zusammengewickelten Blättern wohnen. Meist grün von Farbe, sind sie glatt und äußerst schnell in ihren Bewegungen.

Grünwickler. Tortrix Viridana.
(Eichenwickler.)

Die Vorderflügel sind grün, die Hinterflügel weiß;

Er ist häufig. Die grün- und schwarzfleckige Raupe lebt auf Eichen.

Weidenwickler. T. Chlorona.

Dem vorigen ziemlich ähnlich; die Raupe ist ebenfalls grün- und schwarzfleckig und lebt auf Weiden.

Apfelwickler. T. Pomonana.

Die grauen Vorderflügel sind schwarz bandirt, die Hinterflügel sind aschgrau. Die Raupe ist röthlich und lebt in Aepfeln und Birnen als die bekannte „Obstmade".

Rosenwickler. T. Rosana

Die citronengelben Vorderflügel sind rostgelb gegittert und von 3 bleiglänzenden Querlinien, von denen die dritte den Saum trifft, durchzogen, die Hinterflügel weißlich. Er ist häufig. Die grüne, schwarzköpfige Raupe lebt auf Rosen.

Harzwickler. T. Resinana.

Die Flügel sind schwarzbraun, die vordern mit dicken, stark glänzenden bleigrauen Wellenlinien aus weißen Vorderrandshäkchen durchzogen. Er ist häufig. Die bräunliche Raupe erzeugt an jungen Kiefern harzige Auswüchse.

Nesselwickler. T. Urticana.

Die grünlichbraunen Vorderflügel sind schwärzlich gestrichelt, von matt glänzenden weißlichen, fein dunkelgewellten Querbinden durchzogen, der Saumfleck vorn kolbig erweitert. Die graue, schwarzpunktirte Raupe lebt auf der Nessel.

Himbeerwickler. T. Uddmanniana.

Die Farbe der Flügel ist grau mit röthlicher Schattirung, die Vorderflügel haben am Innenrande vor dem Innenwinkel einen großen, dunkelbraunrothen, weißlich umzogenen, dreieckigen Fleck. Er ist häufig; die grüne Raupe lebt auf dem Himbeer- und andern Sträuchern.

5) **Zünsler.** Pyralides.

Der Hinterkörper und das letzte Fußpaar werden von den Flügeln nicht verdeckt, die Flügel haben einen sehr schönen Glanz. Sie gehören zu den kleinen Schmetterlingen und haben ihren Namen von ihrer Neigung nach dem Lichte zu fliegen. Die Raupen sind klein, meistens unbehaart und sehr lebhaft.

Nesselzünsler. Pyralis Urticalis.

Die Flügel sind weiß mit zwei Reihen schwarzgrauer runder Flecken am Saume, die vordern auch mit solchen Flecken an der Wurzel und mit schwarzgrauem Vorderrande; der Körper ist dottergelb, der Hinterleib schwarz geringelt. Die gelbgrüne Raupe lebt auf der Nessel.

Wachszünsler. Pyral. Mellonella.

Die am Hinterrande wie gestutzten Vorderflügel sind aschgrau, am Innenrande ledergelb, rothbraun beschuppt und gefleckt, die Hinterflügel beim Manne grau, beim größern

Weibchen weißlich. Die gelbe, dunkelköpfige Raupe lebt vom Wachse in den Bienenstöcken.

Schmalzzünsler. Pyr Pinguinalis.

Dieser glänzend blaugraue Zünsler hat Nebenaugen auf dem Scheitel, aber keinen Sauger, die Vorderflügel haben 2 schwärzliche, auf den abgekehrten Seiten licht besaumte und gezähnte Querstreifen, die Hinterflügel sind grau. Es ist der Schmetterling der Fettmade, jener braunen mit röthlichem Kopfe versehene Raupe, welche sich nicht selten in den Winkeln der Speisekammern ꝛc. findet und von altem Fett lebt.

Hopfenzünsler. Pyr. Rostralis.

Die Vorderflügel sind graubraun mit schwarzer und weißlicher, sehr veränderlicher Zeichnung, die Hinterflügel sind silbergrau. Er ist häufig und pflegt neuerdings zu den Eulen gestellt zu werden. Die grüne Raupe ist kurz behaart und weiß gestreift, sie lebt auf Hopfen.

Die Familie der

6) **Motten,** Tineae,

ist sehr artenreich; meist sind sie klein, obwohl mitunter von schöner Farbe und zarter Zeichnung. Die kleinen Raupen, denen sie ihre Entstehung verdanken, leben von einigen auch in Kleidern, Pelzen, Insektensammlungen ꝛc.

Man unterscheidet die

Kleidermotte, Tapetenmotte, Pelzmotte, Obstmotte, Kornmotte, Weidenmotte, Kohlmotte u. s. w., die sämmtlich von den als Ungeziefer geltenden kleinen Raupen herrühren, welche in Kleidern, Nahrungsmitteln und Hausgeräth angetroffen werden und genugsam bekannt sind.

Federmotten, Alucitae,

deren gespaltene Flügel Federn gleichen. Die breiten und behaarten Raupen nähren sich von Blättern und verpuppen sich, indem sie das Blatt mit einem Gespinnst überziehen. Man zählt diese Federn und theilt sie danach ein in Drei-, Fünf-, Sechsfedermotten.

Dritte Abtheilung.

Die Raupensammlung.

Wir haben schon in dem Vorhergehenden uns mit den Raupen im Allgemeinen beschäftigt und bei Beschreibung der einzelnen Schmetterlinge ihrer manche kennen gelernt; auch wissen wir, daß sie an Farbenschönheit und Verschiedenartigkeit der Körperbildung mit ersteren wetteifern, haben, was ihre Lebensweise betrifft, mancherlei interessante Wahrnehmungen gemacht, und glauben, indem wir hier eine Anleitung geben, auch Raupen aufzubewahren und für die Sammlung haltbar herzurichten, den jungen Naturfreunden einen Dienst zu erweisen.*) Wir verfolgen dabei dieselbe Ordnung, welche wir in dem ersten, von den Schmetterlingen handelnden Theile dieses Buches verfolgten.

I. Das Einsammeln der Raupen.

Es sind hierzu außer den nöthigen Behältnissen zum Transport der Raupen folgende Geräthschaften erforderlich:

1. Ein an einen Stock befestigtes Netz, aber nicht von Gaze, sondern von Leinwand und spitz zulaufend, der so=

*) Hape, F., das Ausstopfen der Raupen. Genaue Beschreibung eines einfachen Verfahrens rc. Zürich 1852.

genannte Käscher oder Schöpfer, um damit niedere Gebüsche und das Gras zu durchfahren.

2. Ein Klopfer, um damit Zweige und Bäume durch plötzliche Schläge zu erschüttern. Dieser Klopfer besteht entweder aus einer Keule, wie sie der Böttcher hat, oder noch besser, an kurzem Stiele mit einem Henkel aus starkem Leder versehen, damit man ihn wirken läßt, wie den Klöppel in der Glocke. Dieser Klopfer in jeder der beiden Formen darf aber nicht von Holz, sondern muß von Eisen sein, damit er durch die Wucht auch stärkere Bäume erschüttert, außerdem muß er in dicker Lage gepolstert und mit Leder, oder mit starker Lage von Gummielasticum überzogen sein, damit er die Rinde der Bäume beim Gebrauche nicht losschlage und somit die Bäume beschädige.

3. Ein nicht zu kleines Stück Leinwand zum Unterbreiten an passenden Stellen, um die abfallenden Raupen leichter finden zu können. Seine Stelle vertritt viel einfacher und bequemer, wenn auch nicht in allen Fällen so vollständig ein alter aufgespannter, aber umgekehrter Regenschirm.

4. Ein kleiner Spaten (Botanisir-Spaten), um damit an Stellen, wo man Raupen oder Puppen vermuthet, Rasen und Laub hinwegräumen, auch wohl einige Zoll tief in die Erde graben zu können.

5. Eine kleine Harke mit etwa 5 eisernen Zinken und einem kurzen, nur eben zum Anfassen ausreichenden Stiele.

Die gefundenen Raupen verwahrt man in größern und kleineren Schachteln, deren Deckel mit den nöthigen Luftlöchern versehen sein müssen. Sehr zweckmäßig sind flaschenartige Behälter von Pappe oder Blech, deren Boden mit Drahtgaze überzogen und als Deckel abzunehmen ist. Beim Einsammeln steckt man zur obern, mit einem Propfen versehenen Oeffnung die Raupe hinein, von unten alsbald etwas Futter dazu und holt sie, nach Hause gekommen, an dieser Stelle auch heraus. Man vereinigt die verschiedenen am besten nach dem Futter, steckt nicht zu viele in ein Behälter und möglichst einzeln die sogenannten „Mordraupen", welche sich untereinander auffressen.

Der Anfänger, welcher mit der Lebensweise der Raupen noch nicht vertraut ist und namentlich die Laubarten noch nicht kennt, welche die einzelnen Arten zu ihrer Nahrung bedürfen, kann unter Umständen nicht auf zu reiche Beute hoffen; man mache sich daher so viel als möglich mit der Nahrung der Raupen bekannt, um sie mit Erfolg aufsuchen zu können. Jede Raupe liebt Wärme und Luft, an dumpfigen, feuchten Orten wird man daher wenig finden, hingegen genug an hochgelegenen, nicht zu dicht mit Bäumen und Gesträuch bestandenen, überall der Sonne offenen Orten. Nach heftigen Regengüssen und Stürmen versäume man nicht nach Raupen auszugehen und suche dann an den Stämmen, im Grase, an Zäumen und Mauern, immer wird man an solchen Tagen mit reicher Beute zurückkehren.

Uebrigens ist jede Jahreszeit außer dem Winter, und jede Tageszeit zum Raupensammeln geeignet. Die sogenannten „Frühjahrsraupen", d. h. diejenigen, welche unter dürrem Laube überwinterten und die man auch während des Winters einsammeln könnte, wenn man nur Futter für sie hätte, werden im ersten Frühjahre, sobald Faulbaum, Stachelbeeren, Primeln, 2c. grün werden, geharkt. Man harkt unter Büschen und Hecken, besonders solchen, die an nach Morgen oder Abend gerichteten Abhängen stehen, mittelst der kleinen Harke das Laub zusammen in einen umgekehrten Regenschirm, schüttelt diesen mit dem Laube durch, nimmt vorsichtig die dürren Blätter und die Aestchen von oben weg und wird je nach dem günstigen Harkplatze mehr oder weniger Raupen auf dem Grunde finden, die man alle mit den obengenannten Pflanzen füttern kann. Die meisten Raupen der Nachtschmetterlinge fressen nur des Nachts und sitzen am Tage versteckt. Die an Bäumen ruhenden lassen sich mit der Klopfe herabbringen, oder vom Buschwerke mit einem einfachen Spazierstocke in einen untergehaltenen, umgekehrten Regenschirm klopfen, die an Kräutern und Gräsern sitzenden mit dem Käscher abschöpfen, des Abends jedoch sicherer als bei Tage, weil sie dann höher oben sitzen an den Pflanzen; überdies kann man dergleichen auch zweckmäßig „ableuchten" d. h. bei Laternenschein von ihrer Futterpflanze absuchen. Diese letztere Methode wendet man für besondere, sonst nicht leicht zu erlangende Arten an, wenn man schon etwas vertrauter und bewanderter in dem Sammelgeschäft ist.

Auf einen Umstand ist aber beim Raupensuchen ganz besonders aufmerksam zu machen, den nämlich: daß alle fast ohne Ausnahme innerhalb ihrer verschiedenen Häutungen anders gefärbt und gezeichnet sind, und ist in manchen Fällen der Unterschied so auffallend, daß ein und dieselbe Raupe nach der zweiten und nach der vierten Häutung kaum wieder zu erkennen ist. Es ist daher nothwendig, eine Raupenzucht, auf welche wir gleich zurückkommen werden, sich anzulegen, um diesen Wechsel beobachten und die geeignete Zeit wahrnehmen zu können, wo sie für die Sammlung am tauglichsten sind. Daß ein gutes Auge zum Raupensuchen gehört, bedarf keine Erwähnung; selbst für den mit letzterem begabten Kenner hat es oft Schwierigkeiten, namentlich die grünen und kleinen Spannerraupen von Blättern und Aestchen zu unterscheiden.

II. Die Raupenzucht.

Es ist als bekannt vorauszusetzen, daß man auch Raupen in der Gefangenschaft sich verwandeln lassen kann, um aus den Puppen Schmetterlinge zu ziehen. Oft gelangt man dadurch in den Besitz eines schönen und seltenen Schmetterlings, öfter aber wird man sich in seinen Erwartungen getäuscht sehen, da man bisweilen Schlupfwespen und Raupenfliegen (Tachinen) erzieht, oder auch gar nichts, indem die Raupen oder die Puppen vertrocknen, verfaulen oder sonst wie zu Grunde gehen, jedoch nicht selten durch unsere Schuld, unsere Unerfahrenheit, Nachlässigkeit, Bequemlichkeit. Immer aber ist es für den, welcher eine Schmetterlingssammlung anlegen will, eine Nothwendigkeit, auch auf die Raupen sein Augenmerk zu richten, um sich ein seltenes Exemplar oder weniger seltene in tadellosem Zustande zu verschaffen.

In der Regel werden die Raupen, welche man sammelt, noch einiger Zeit bedürfen, ehe sie diejenige Vollkommenheit erlangt haben, welche zu ihrer Verwandlung nöthig ist; man darf es daher nicht versäumen, sie so lange gehörig zu verpflegen und zu füttern. Zu dem Ende sind vor Allem passende Behälter nöthig, welche es den Raupen nicht an der gehörigen Luft fehlen lassen, und dann auch hat man auf das Futter, welches man ihnen giebt, sein Augenmerk zu richten. Zu ersteren wählt man am besten nicht zu flache Kasten, welche nicht nur einen mit Gaze überzogenen Deckel, sondern auch ein und die andere Seitenwand haben. Den Boden dieser Kasten bedecke man mit Erde und setze diese selbst der Luft, aber nicht zu brennenden Sonnenstrahlen aus; auch große Gläser, welche man mit Gaze zubindet, sind anwendbar.

Sehr wichtig ist es, das für die Raupen nöthige Futter herbeizuschaffen, da man darauf Bedacht nehmen muß, jeder Raupe dasjenige zuzutheilen, wovon sie in der Freiheit sich nährte. Je mehr Raupen man hat, desto schwieriger wird diese Aufgabe sein, da die Blätter aller Pflanzen sich nur kurze Zeit in frischem und für die Raupen genießbarem Zustande aufbewahren lassen. Man fange deshalb nie mehr Raupen ein, als man füglich ernähren kann, nächstdem aber sorge man dafür, daß sie täglich nicht nur frisches, sondern auch hinreichendes Futter erhalten. Nicht immer wird man nun Gelegenheit haben, täglich frische Blätter vom Baume zu pflücken, man breche deshalb möglichst laubreiche junge Zweige und stecke diese in kleine enghalsige, mit Wasser gefüllte Flaschen, weil sich das Laub auf diese Weise viel länger frisch erhält und die Raupen auch die Blätter lieber von den Zweigen fressen, als wenn diese auf den Boden des Behälters gestreut werden.

Für den aufmerksamen Beobachter ist es höchst interessant, die fortschreitende Entwickelung der Raupen, die sich je nach den Häutungen in zwei, drei oder noch mehr Perioden eintheilt, zu verfolgen. Im Allgemeinen kann man annehmen, daß sich dieser Entwickelungsproceß in der Gefangenschaft beschleunigt. Wir wissen bereits, daß fast jede Raupe, was den Ort und die Art und Weise betrifft, bei ihrer Verwandlung instinctartig ein anderes Verfahren beobachtet. Einige verkriechen sich in die Spalten der Baumrinde, andere in die Ritzen der Mauern, noch andere hängen ihre Puppen frei an irgend einem Gegenstande auf, einige verwandeln sich an der Erde, einige unter Laub und Moos und viele sogar in der Erde. Dieselben Verschiedenheiten wird man auch bei den Raupen in der Gefangenschaft wahrnehmen, und es leuchtet ein, daß man hierauf Rücksicht nehmen muß, doch kann dies natürlich nur in soweit geschehen, daß man die Erde in keinem der Raupenbehälter fehlen lassen darf und daß man dieselbe von Zeit zu Zeit anfeuchtet, am besten durch wiederholtes Bespritzen mit einer in Wasser getauchten Kleiderbürste.

Die Raupenbehälter müssen stets in einem luftigen Zimmer stehen, wo sie auch Sonne haben, können aber sehr wohl auch in einem geheizten Zimmer stehen, wenn man nur dann die Feuchtigkeitsgrade der Erde gehörig regulirt; läßt man diese zu trocken werden, so vertrocknen unter Umständen die darin ruhenden Puppen, hält man sie zu feucht, so faulen oder schimmeln sie. Hat man Raupen zu dieser Zeit, so würden sie des Futters bedürfen, welches man ihnen nicht bieten kann, während sie in einem ungeheizten Zimmer erstarren und dasselbe nicht bedürfen. Diese Bewandtniß hat es also damit, wenn von manchen Züchtern gesagt wird, man dürfe die Raupenbehälter nicht in geheizte Zimmer bringen.

Will man jedoch die Raupen nur für die Sammlung sich weiter ausbilden lassen, so kann man, wenn man einen Garten zur Hand hat, die Sache sich dadurch sehr erleichtern, daß man mehrere Exemplare einer Raupenart auf ihnen zusagende Gewächse versetzt, wo sie besser gedeihen, täg=

lich beobachtet und, sollten sie ja den Ort wechseln, immer leicht wieder gefunden werden können, da sie sich nie weit entfernen. Noch sicherer geht man in diesem Falle und schützt die ausgesetzten Raupen gleichzeitig vor Angriffen von Seiten der Schlupfwespen, Insektenfresser unter den Vögeln ꝛc., wenn man den Ort, wo sie sitzen, mit einem Beutelchen von enger Gaze umbindet.

III. **Von der Behandlung der Puppen.**

Sobald sich eine Raupe verpuppt hat, entfernt man diese mit großer Behutsamkeit aus dem Raupenbehälter und bringt sie in einen andern Kasten, welcher etwas tief sein muß und nicht luftdicht verschlossen werden darf. Ein Deckel mit Gazeüberzug ist am dienlichsten. Gut ist es auch, wenn man die eine Seite des Kastens aus einer Glasscheibe bestehen lassen kann, um sich dadurch die Beobachtung der Puppen zu erleichtern. Der Boden des Kastens wird am besten in kleine Fächer eingetheilt, die aber mit Löschpapier oder mit Tuch ausgefüttert oder mit eben solchem Stoffe ausgeklebt sein müssen, damit die Puppe nicht nur eine geschützte Lage habe, sondern auch der auskriechende Schmetterling eine rauhe Fläche findet, woran er leicht mit den Füßen haften kann. Noch zweckdienlicher ist es, wenn man in jeden der kleinen Fächer ein rauhes Stäbchen anbringen kann, am besten einen geraden Baumzweig, an welchem der ausgekommene Schmetterling in die Höhe kriechen kann und alsdann durch nichts gehindert wird, seine Flügel auszubreiten. Am allerbesten aber ist es, man unterläßt alle diese Vorschriften und nimmt die Puppe gar nicht weg von dem Orte, an welchen die Raupe vorher ging, sondern sorgt nur dafür, das der Raupenkoth bisweilen entfernt werde, welcher das Schimmeln befördert, daß die Erde nicht zu trocken werde, aber auch nicht zu feucht sei, in welcher die Puppen ruhen. Außerhalb derselben versponnene oder frei aufgehängte Puppen bedürfen keiner weitern Abwartung, als der Ruhe, in welcher man sie läßt.

Die größte Ruhe ist ein Haupterforderniß, der Kasten darf nicht bald hierhin bald dorthin getragen werden, und noch weniger darf man sich beikommen lassen, die Puppen zu untersuchen. Sobald die Zeit eintritt, wo der Schmetterling die Puppenhülse durchbrechen will, und zwar schon einige Tage vorher, verändert die Puppe die Farbe und wird unscheinbar. Die erste Veränderung läßt sich am Kopfe wahrnehmen, alsdann folgen der Vorderleib und die Flügelscheiden. Man beobachtet nun fleißiger und trifft man zufällig den Augenblick, wo der Schmetterling sich von seiner Hülle befreit, so wird man reichlich für seine Mühe entschädigt. Kaum fühlt er sich frei, so beginnt er seine Bewegungen; mit großer Behendigkeit sucht er einen bequemen Platz, an welchem er sich festsetzt; die Flügel entfalten sich mehr und mehr, sind vollkommen ausgewachsen in der kürzesten Zeit, aber noch weich und werden nach einige Zeit hindurch auch von denen in der aufgerichteten Lage getragen, die sie herabzulegen pflegen, wie alle Schwärmer und Nachtschmetterlinge.

IV. Die Tödtung der Raupen.

Die für die Sammlung bestimmten Raupen müssen vor dem weiteren Verfahren getödtet werden und da die meisten Arten ein zähes Leben haben und überdies die Menschlichkeit erfordert, den Tod schnell herbeizuführen, so ist diesem Geschäft die größte Aufmerksamkeit zuzuwenden.

Die Raupen können nur durch Ersticken getödtet werden, indem man sie in eine Umgebung bringt, welche für das Athmen nicht geeignet, oder indem man ihnen die Luftlöcher verschließt. Die einfachsten Mittel sind folgend drei:

1) durch heiße Luft,
2) „ Ersticken in Oel,
3) „ „ „ Wasser oder Spiritus.

1) Die Tödtung durch heiße Luft. Hierzu eignen sich alle nicht zu stark behaarten und nicht zu zart gefärbten Raupen, und ist dazu ein cylinderförmiges, nicht zu großes Glas erforderlich, das aber auf seiner ganzen innern Fläche mit weichem Druckpapier oder grauem Löschpapier ausgeklebt sein muß. Man erwärmt das Glas allmählig über einer Spiritusflamme und wenn es genügend warm ist, thut man die Raupe hinein. Unter fortgesetztem

Drehen und Wenden über der Flamme erfolgt nun der Tod der Raupe, doch langsam genug und nicht ohne Zuckungen und Schlagen mit dem ganzen Körper, wobei sie einen grünen Saft in reichlicher Menge von sich giebt, welcher von dem Papier aufgesogen wird. Steckt man die Raupe in ein sogenanntes Reagenz= oder Probirgläschen und dieses in kochendes Wasser, so erreicht man denselben Zweck und besser. Ist der Tod erfolgt, so schließt man das Glas und läßt es mit der Raupe erkalten. Würde das Glas nicht mit Papier ausgeklebt sein, so würden nicht nur die Haare der Raupe versengen, sondern auch diese selbst sich durch ihre Ausleerungen verunreinigen und fleckig machen.

2) Die Tödtung durch Ersticken in Oel. Zur Tödtung in Oel eignen sich nur zarte, glatte, dünnhäutige Raupen, der Tod erfolgt schnell und das Oel äußert keinen Einfluß auf die Färbung. Am besten verwendet man Mohnöl oder Baumöl, in welchem etwas Kampfer aufgelöst wurde.

3) Die Tödtung in Wasser oder Spiritus ist die in den meisten Fällen anwendbarste, und eignen sich dazu alle Dornenraupen, lang und fein behaarte ꝛc. Die Tödtung durch Wasser ist die martervollste, da oft Stunden vergehen, ehe der Tod eintritt, wogegen aber auch die Farben sich am schönsten erhalten. Die in Spiritus ge=

tödteten Raupen (man verwende nur durch Wasser verdünnten) halten sich oft nicht so schön in der Färbung und werden, läßt man sie zu lange liegen, etwas hart, was bei der spätern Behandlung manche Schwierigkeiten mit sich führt. Ueberhaupt lasse man die Raupen nie zu lange in den Flüssigkeiten, doch sei man auch vorsichtig, da man sonst leicht in den Fall kommen dürfte, eine noch lebende Raupe auszustopfen. Bei einiger Aufmerksamkeit wird sich das richtige Maß bald finden lassen. Auch die in den Flüssigkeiten getödteten Raupen geben einen Saft von sich und es ist deshalb erforderlich, dieselben öfter zu erneuern, nie versäume man aber, die herausgenommenen Raupen in noch reinem Spiritus oder Wasser abzuspülen.

V. Das Entleeren der Raupen.

Bei der ganzen Manipulation ist diese unstreitig die schwierigste, erfordert Uebung und ist nur durch die letztere zu erlernen. Die getödteten Raupen müssen mit der größten Vorsicht behandelt werden, da jeder rauhe Druck ihnen schädlich ist und Flecken erzeugt, welche sie für die Sammlung unbrauchbar machen, auch versäume man nicht, unmittelbar nachdem sie aus der Flüssigkeit genommen worden sind, weiter mit ihnen zu verfahren, da jede Verzögerung die Arbeit erschwert.

Um der Raupe nicht zu schaden, nimmt man sie mit einer Pincette, mit welcher man die Füße zu fassen sucht, aus der Flüssigkeit und legt sie auf eine stark Lage Fliespapier, welches die zu entleerende Flüssigkeit aufsauchen soll. Die Raupe selbst legt man wie es ihre Art zu dem vorhabenden Geschäft am zweckmäßigsten erscheinen läßt, in den meisten Fällen wird dies eine Seitenlage sein, da auf dem Rücken oft Dornen oder Bürsten hinderlich sind, und bedeckt sie mit einem Blatt feinen Druckpapieres, hält mittelst des zweiten und vierten Fingers den Kopf auf dem Papier fest und drückt streichend mit dem Mittelfinger nach dem After zu, bis der Darm seinen Inhalt entleert. Indem man die Raupe stets auf eine neue trockene Stelle der Papierunterlage bringt, wiederholt man dies Verfahren so oft bis die Ausleerung vollständig erfolgt ist. Will das Geschäft nicht gut von Statten gehen, so erweitert man mit Hülfe der Pincette vorsichtig die Afteröffnung, oder sucht den Darm zu fassen und einige Linien weit herauszuziehen, worauf die Entleerung dann ohne Schwierigkeit erfolgt. Häufig findet man auch Raupen, welche, von einem Insect gestochen, mit Larven angefüllt sind und sich schwer entleeren lassen, doch gewinnt man auch von ihnen schöne Exemplare, wenn man nur vorher die Afteröffnung vorsichtig erweitert.

Die Bälge müssen nach geschehener Entleerung wiederum in verdünnten Spiritus oder Oel gelegt und überdies sie damit gefüllt werden. Man bringt zu diesem Ende eine sogenannte Füllungsröhre von Weißblech oder Neusilber, davon man mehrere von verschiedener Größe haben muß, in die Afteröffnung, bläst erst den Balg auf und füllt ihn, nachdem man die Luft wieder zurückgezogen hat, mit der betreffenden Flüssigkeit, die oft, nachdem sie in die Röhre gegossen wurde, von selbst in den Balg eindringt, oder doch durch kaum merkliches Blasen dahin gelangt. So läßt man sie noch einige Zeit liegen und schreitet dann zu der folgenden Procedur.

VI. Die Füllung der Raupen.

Es giebt zwei Füllungsmittel, entweder füllt man mit einer trockenen Substanz oder mit einer Mischung warmen Wachses und Unschlitt. Beide Füllungsmittel müssen nach Erfordern gefärbt werden; manche Raupen braucht man auch gar nicht zu füllen.

a) Trockene Füllung.

Die aus der Flüssigkeit genommenen Raupen sucht man, indem man sie auf einer Lage weichen Druckpapier wälzt, zu trocknen und bringt dann die der Größe der Raupe angemessene Füllungsröhre in die Afteröffnung. Bevor man nun zur wirklichen Füllung schreitet, ist es nothwendig, den Balg zu öfteren Malen aufzublasen, die Luft langsam wieder zurückziehen, und nachzusehen, daß derselbe die natürliche Gestalt annimmt. Zu starkes Aufblasen ist schädlich. Findet man, daß die eingeblasene Luft den Balg gut ausfüllt und derselbe beim Zurückziehen der Luft wieder zusammenfällt, so füllt man, nachdem man die Luft zuvor zurückgezogen hat, die Füllungsröhre zur Hälfte mit Lycopodium (Bärlappsamen, Hexenmehl, Blitzpulver), welches man in jeder Apotheke erhält, dessen Eindringen in den Balg man durch sanftes Blasen befördert und so oft nachfüllt und mit gelindem Blasen fortfährt, bis der Balg vollständig ausgefüllt ist. Schon während der Füllung wird man genöthigt sein durch öfteres Zurückziehen dem noch nicht gefüllten Theil des Balges die wieder eingeströmte Luft zu entziehen. Auch zu diesem Geschäft gehört Uebung, doch wird es bei einiger fast nie mißlingen.

Nach geschehener Füllung läßt man die Raupe in die Hand gleiten und legt sie behutsam auf eine schon bereit liegende Pappentafel.

b) Fette, warme Füllung.

Dieses Verfahren ist umständlicher und erfordert eine viel größere Aufmerksamkeit als die vorige. Man erwärmt Wachs und Talg zu gleichen Theilen, bis ein hineinfallender Tropfen Wasser einiges Geräusch verursacht. Alsdann verfährt man mit dem Balge in der oben angegebenen Weise und läßt mittelst der Füllungsröhre so viel von der heißen Flüssigkeit, bei welcher eine Nachhülfe durch Blasen nicht erforderlich ist, hinein, bis er vollständig gefüllt ist. Die Füllungsröhre darf nicht zu tief in die Afteröffnung gebracht werden, da bei dem Zurückziehen derselben am Ende der Raupe sich ein hohler Raum bilden würde, auch muß man die Menge der einzufüllenden Masse möglichst genau abmessen, da ein Uebermaaß an dem Balge herunterlaufen würde und diesen beschädigen könnte.

Ist auf diese Art die Füllung geschehen, so muß man die Raupe noch in eine Auflösung von 1 Loth Mastix, 1/4 Loth venetianischen Terpentin und 4 Loth Weingeist tauchen, wodurch sie einen glänzenden Ueberzug erhält.

c) Färbung der Füllungen.

Daß die trockene Füllung mit Lycopodium geschieht haben wir bereits oben erwähnt und in den meisten Fällen genügt dieses für sich allein. Zur Füllung grüner und brauner Raupen muß es aber gefärbt werden und geschieht dies auf folgende Weise. Man reibt unter Anfeuchtung mit etwas Weingeist eine geringe Quantität Indigo in einem Mörser oder mittelst des Läufers auf einem kleinen Steine so fein als möglich und giebt ihm aldann durch Zusatz von Curcumäpulver die entsprechende grüne Farbe. Diese wird heller, je mehr Curcumä, und dunkler, je weniger man zusetzt. Die Verschiedenheit der grünfarbigen Raupen bedingt, daß man drei bis vier Abstufungen anfertigen muß.

Die braune Farbe erhält man durch Umbra oder Terra di Siena, mit welcher man ganz in derselben Weise verfährt.

Beide Farben mischt man dann nach Bedürfniß unter das Lycopodium.

Die Färbung der warmen Füllung ist die nämliche; es versteht sich dabei von selbst, daß man die Farbe durch sorgfältiges Umrühren mit der flüssigen Masse verbinden muß.

d. Das bloße Aufblasen der Raupen.

Diejenigen Raupen, von denen in c gesagt wurde, daß das bloße Lycopodium ohne Farbe zum Ausfüllen genüge, kann man auch ohne jegliche Füllung dadurch präpariren, daß man durch das Füllungsrohr sehr mäßig Luft einbläst, indem man die Raupe über einem Kohlenfeuer oder einer durch eine Spiritusflamme erhitzten Metallplatte fortwährend dreht, um die Haut zu trocknen. Geschieht das Blasen mäßig, so wird die Raupe ihre gewöhnliche Stellung einnehmen und in dieser bald trocknen. Daß eine bloße, in dieser Weise getrocknete Raupenhaut brüchiger und zerbrechlicher ist als eine ausgestopfte, leuchtet ein, gleichzeitig aber auch, daß dieses Verfahren ein viel einfacheres ist. Wer schon mehr Fertigkeit besitzt, wendet dies Verfahren auch bei solchen Raupen an, die nach dem Ausdrücken ihre Farbe verlieren, also besonders bei den grünen, und hilft nur durch Einbringen von Farbenpulver nach.

VII. **Den ausgestopften Raupen eine natürliche Stellung zu geben.**

Wollte man die Raupen in der walzenförmigen Form, welche sie bei der Füllung annehmen, in die Sammlung brin=

gen, würde diese ein höchst einförmiges Bild darbietet, da sie im andern Fall, wenn jeder Raupe eine natürliche Stellung gegeben wird, durch die Mannigfaltigkeit der letzteren einen sehr angenehmen Anblick gewährt. Diese natürlichen Stellungen nachzubilden ist bei warmer Füllung sehr schwierig, da sie unmittelbar nach derselben und zwar vor dem Erkalten der Masse durch Druck und Biegung geschehen muß. Ist die Füllungsmasse erkaltet, so ist an der Form schlechterdings nichts mehr zu verändern. Dahingegen kann man bei trockener Füllung dieses wichtige Geschäft mit Ruhe verrichten und alle Sorgfalt darauf verwenden.

Oben erwähnten wir bereits, daß man die gefüllte Raupe vorsichtig auf eine schon bereit gelegte Papptafel legen müsse; diese kleinen Tafeln, deren man in genügender Anzahl von der Größe eines Kartenblattes zur Hand haben muß, vertreten die Stelle der Spannbretter bei den Schmetterlingen. Durch Einstecken von Nadeln und übergesteckte Papierstreifen sucht man der Raupe die gewünschte Stellung zu geben, welche sie dann, einmal getrocknet, für immer behält. Das Verfahren selbst wird aus folgenden Aufführung der verschiedene Raupenstellungen deutlich werden ꝛc. (siehe Tafel IV.) In den meisten Fällen wird man genöthigt sein, die Raupe auf die Seite zu legen, bei Dornen-, Bürsten- und langhaarigen Raupen ist die größte Vorsicht nöthig.

Die Stellungen der Raupen sind folgende:

1) Die Sphinx-Stellung. Die Raupe hält sich mit

den Nachschiebern und den letzten Fußpaaren, den Oberkörper streckt sie in schräger Richtung empor und hält den Kopf waagrecht oder ein wenig gesenkt. Diese Stellung ist vorzüglich der Gattung der Sphinxe eigen.

2) Die Delphin-Stellung. Die Raupe hält sich mit den am Vorderkörper sitzenden Füßen fest und streckt den Hinterleib empor. Zuweilen hält sie sich auch nur mit den mittleren und hält sowohl Vorderkörper als Hinterleib in aufwärts gebogener Stellung. Außer der Gattung Sphinx ist diese Stellung auch mehreren andern Arten eigenthümlich.

3) Die Spanner-Stellung. Die Raupe hält sich mit den Nachschiebern und den am Vorderkörper sitzenden Fußpaaren fest, während der mittlere Theil einen Bogen bildet. Ist nur der Familie der Spanner und in geringerem Grade den Ordensband- und Plusienraupen eigen.

4) Die Zornstellung, ebenfalls nur den Spannern eigen. Die Raupe hält sich mit den Nachschiebern und streckt den ganzen übrigen Körper gerade aus.

5) Die Zornstellung der Bürstenraupen. Diese mit langen Haaren besetzten Raupen pflegen sich, wenn sie gereizt werden, zusammen zu rollen und den Kopf einzuziehen, wobei die meisten von ihnen außerordentliche Farbenschönheit entfalten. Leider sind die Bälge dieser Raupen sehr leicht zu verletzen und lösen sich besonders die Haare leicht ab, wodurch es äußerst schwierig wird, ihnen die bezeichnete Stellung zu geben.

Der aufmerksame Beobachter wird noch manche andere Stellungen ausfindig machen und mit Nutzen bei seiner Sammlung anwenden können. Z. B. nehmen manche Raupen vor ihrer Verpuppung eine eigenthümliche Stellung an, auch vor den Häutungen ist dieses der Fall, am sorgfältigsten aber beobachte man sie, wenn sich ihnen plötzlich ein Feind nahet. So schießen z. B. die Gabelschwanzraupen in gereiztem Zustande röthliche Spitzen hervor, schlagen mit dem Kopf oder Hinterleibe u. s. f. Die oben erwähnten Spitzen gehen bei dem Ausstopfen natürlich verloren und müssen, will man sie nicht vermissen, künstlich nachgebildet und befestigt werden.

Das unter d angeführte Verfahren macht, wie schon erwähnt, alle weitere Formgebung unmöglich, aber auch überflüssig.

VIII. Weiteres Verfahren vor Aufnahme der Raupen in die Sammlung.

Nachdem die Raupen in die gewünschte Lage gebracht sind, müssen sie nun trocknen, was in der Regel innerhalb einiger Tage geschieht. Der Sonne darf man sie nicht aussetzen, wohl aber kann man durch Ofenwärme die Trocknung beschleunigen, doch darf der Wärmegrad immer nur ein sehr geringer sein.

Die vollständige Trockenheit erkennt man, wenn man mittelst eines stumpfen Messers leise auf die Bälge drückt und diese Widerstand leisten. Ist sie erfolgt, so muß man zunächst darauf bedacht sein, die Afteröffnung der Raupe sorgfältig zu verschließen, welches durch aufgelöstes Gummiarabicum geschieht. Man feuchtet letzteres in einem kleinen Näpfchen mit etwas Wasser an, bis es einen dickflüssigen Brei bildet und sucht nun bei Gebrauch eines Hölzchens oder kleinen Pinsels mit diesem die Oeffnung zu verkleben. Das Lycopodium hindert das Haften des Gummi und oft hat man mit diesem anscheinend geringfügigen Geschäft seine Noth; dennoch ist es wichtig und erfordert alle Sorgfalt, da das Lycopodium durch die kleinste Oeffnung einen Ausweg findet und über kurz oder lang nichts als der hohle Balg übrig bleibt, der dann bei der geringsten Berührung schadhaft wird.

In den meisten Fällen kann man das Gummiarabicum ohne Färbung verwenden, bei dunkelfarbigen Raupen aber muß man es durch etwas Umbra dunkel färben.

IX. **Die Sammlung.**

Die zur Aufbewahrung der Raupen dienenden Kasten haben dieselbe Form und Einrichtung wie die der Schmetterlingssammlung (man sehe oben Seite 32 ff.), die Raupen müssen jedoch auf andere Art in ihnen angebracht werden als diese. Das einfachste und weniger mühsame Verfahren ist folgendes: Man schneidet von Kartenpapier oder von weißem Actendeckelpapier Stücken in der Größe von 1, $1^1/_2$—2 Quadratzoll, befestigt auf ihnen wiederum mit etwas Gummi die Raupe, durchsticht das Papier mit einer langen Nadel und heftet es auf. Alle Raupen lassen sich auf diese Weise leicht befestigen und ordnen.

Eben so einfach und für das Auge gefälliger ist es, wenn man statt des Papieres, welches einen unnatürlichen Standort darstellt, trockne Pflanzenstengel, besonders holzige wählt und zwar nur eben so groß als nöthig, um der Raupe und hinter ihr einer durchzustoßender Stecknadel Raum zu geben. Will man die Aufstellung eleganter, aber auch kostspieliger und platzraubender haben, so verschafft man sich künstliche Blätter, versieht jedes mit einem grün umwickelten Drahtstäbchen, welches man an seinem Hinterende in ein Korkstückchen steckt, durch welches die befestigende Nadel gleichfalls kommt und leimt auf den vordern Theil diejenige Raupe, welche das betreffende Blatt in der Natur frißt. Ein ganz besonderes schönes Aeußere aber wird erreicht, wenn man Schmetterlinge und Raupen geschmackvoll unter einander gruppirt.

Was oben über den Schutz der Schmetterlingssammlung gegen die Insecten gesagt wurde, gilt auch von der Raupensammlung, man sehe deshalb oben S. 32 ff.

Erklärung der Kupfertafeln.

Taf. I.

1. Der Rothnesselfalter (Pap. Io), das Tagpfauenauge, auf einem Spannbrett, darüber eine mit einem Heft versehene Nadel. — 2. Die Raupe des Rothnesselfalters. — 3. Der weibliche Schmetterling des Schlehenspinners (B. Antiqua). — 4. Die schöne Erlenblattmotte, (Tin. Rajella.) — 5. Die Puppe des Rothnesselfalters. — 6. Puppe des Espenfalters. (P. Populi).

Taf. II.

1. Der Weidenschwärmer, das Abendpfauenauge. (Sph. Ocellata). — 2. Der Erdeichelschwärmer, Johannisvogel. (Zyg. Filipendulae.) — 3. Der Sauerampferschwärmer, Taubenhals. (Atych. Statices). — 4. Die Puppe des Rainweidenschwärmers, Ligusterschwärmer. (Sph. Ligustri). — 5. Die Bachweideneule (N. Nupta), rothes Ordensband, die Frau. — 6. Die Puppe des Riedgrasfalters (R. Janira), gem. Wiesenfalter. — 7. Die Puppe des Ackerveilchenfalters (P. Latonia), kleine Perlmutter.

Taf. III.

1. Der Nesselspinner (B. Caja), Bärvogel. — 2. Die Kapsel, in welcher sich die Puppe des Kirschenspinner (B. Lanestri) befindet. — 3) Der Hainbuchenspinner (B. Carpini), das kleine Nachtpfau. — 4. Die Puppe, und 5. der vordere Theil der Raupe dieses Schmetterlings. —

6. Die Raupe des Rainweidenschwärmers (Pap. Ligustri), Ligusterschwärmer. 7. Der Bandweidenspinner (B. Vinula), Gabelschwanz, großer Hermelin.

Taf. IV.

1. Die Puppe des Rothschwanzes (B. Pudibunda). — 2. Die Raupe dieses Schmetterlings. — 3. Die Puppe des Rüsterfalters. — 4. Die Raupe des Geisblattspanners (G. Elinguaria). — 5. Raupe des Lindenspanners (G. Defoliaria). — 6. Die Raupe des Zickzackspinners (B. ziczac). — 7 bis 9. Stellungen ausgestopfter Raupen.

Taf. V.

1. Distelfalter (Pap. Cardui). — 2. Lindenschwärmer, (Sph. Tiliae) — 3. Ackerveilchenfalter, kleine Perlmutter (Pap. Latonia).

Taf. VI.

1 Braunfleckiger Falter, Selene (Pap Selene). — 2. Wolfsmilchschwärmer (Sph. Euphorbiae). — 3. Rothnesselfalter, Tagpfauenauge (Pap. Io).

Alphabetisches Register

der Schmetterlinge, welche Erwähnung gefunden haben.

Printed in Dunstable, United Kingdom

91223540R00096